U0501821

山梨酸钾的 Home Party

韩微微 编著

色+香家族

H.P.H 哈尔滨出版社
HARBIN PUBLISHING HOUSE

「目录」

色

香

营养价值

“食”面埋伏

色

山梨酸钾的home party

着色剂（色素）

带你进入五彩缤纷的世界

俗话说："民以食为天。"色、香、味、形是构成食物感官性状的四大要素，提供人们心理和生理的享受，也是中国食文化的重要内容。食物的颜色，是食物给人们视觉的第一感官印象。赋予食物恰如其分的颜色，可使人赏心悦目，引起人的食欲。

食用色素

人们常常在加工食品的过程中添加食用色素，以改善视觉效果。

加工食品

我国食用色素的使用有着悠久的历史。民间做青团，过去是用嫩艾草、小棘姆草的汁，现在是把小麦叶的汁揉入糯米粉中，做成呈碧绿色的团子。也有食品企业直接用色素叶绿素铜钠盐的。江苏常州酱菜萝卜干又脆又好看，其颜色是用一种叫“姜黄”的色素着色的，姜黄是我国传统的中药材。

现在食品中使用的食用色素分为天然色素和合成色素两种。天然色素主要从植物组织中提取，也包括一些来自动物和微生物的色素，例如苋菜红，顾名思义，就是从红苋菜中提取出来的。从安全、毒性来看，天然色素不仅安全性高，而且还有一定营养及药理作用。合成色素是指用化学合成方法所制造的有机色素，由于其原料多来自煤焦油产物，往往有毒。存在毒性的原因，主要是合成色素化学性能直接对人体健康产生不良影响，或因其在代谢过程中产生其他有害物质而使人体受害，同时也因加工提制过程的复杂，被其他有毒物质所污染。合成色素是食品中的非营养成分，尽管少量添加，但它的安全性已逐渐被人们所关注。

许多天然食品具有本身的色泽，这些色泽能促进我们的食欲，增加消化液的分泌，因而有利于消化和吸收。但是，天然食品在加工、保存过程中容易退色或变色。为了改善食品的色泽，人们常常在加工食品的过程中添加食用色素，以改善视觉效果。

我国允许使用的化学合成色素有：苋菜红、胭脂红、赤藓红、柠檬黄、日落黄、靛蓝、亮蓝等，以及为增强上述水溶性酸性色素在油脂中分散性的各种色素。虽然对这些合成色素的危害性至今仍然没有定论，但它们几乎没有营养价值，对人体健康也没有帮助，能不食用就尽量不要食用。毕竟化学合成的色素多含有一定的毒性，而且据有关数据显示，某些合成色素有致癌和诱发染色体变异的作用，因此消费者应购买用天然色素染色的产品。

天然食用色素大部分取自于植物，部分取自动物和矿物。在“绿色运动”呼声越来越高的今天，天然食用色素的发展前景更加被看好，并且世界各国相继制定法规，淘汰大部分有毒的化学合成色素。目前，“天然、营养、多功能”已成为天然食用色素的发展方向。

天然色素直接来自动植物，除藤黄外，其余色素安全性都较高。但国家对每一种天然食用色素也都规定了最大使用量，以策安全。

在天然色素中，有两种与日常饮食关系较密切。一种是β－胡萝卜素，它是人类食品的正常成分之一，又是一种必需营养素，用做食品添加剂，不仅无害，反有益处。家庭自制奶油蛋糕时，以它着色，两全其美。第二种是红曲米，它是我国传统使用的天然色素之一，主要用于制作红腐乳和红香肠等。

不要被美丽的外表所欺骗

不少彩色食品就像一只披着羊皮的狼，用它美丽的外表吸引孩子们上当。

一位年轻妈妈领着她的儿子走进了儿科门诊,“我儿子从两岁多开始，常常到商店挑选小食品吃。如今,儿子四岁多了,可身高、体重与同龄的孩子相比,都差了不少。注意力也集中不起来，总是丢三落四的，还常拉肚子。”

医生做了必要的辅助检查后，告诉这位母亲,她的孩子患上了“彩色食品综合征”,这是过多、过久地吃染色食品,以致色素在体内蓄积因而中毒。

染色食品

经常吃染色食品，会导致色素在体内蓄积中毒。

彩色汽水不利于儿童的身体健康

五颜六色的汽水主要成分是人工合成色素、人工合成甜味剂、人工合成香精、碳酸水，经加充二氧化碳气体制成的。除含一定的热量外，几乎没有什么营养。这里的人工合成甜味剂包括糖精、甜蜜素、安赛蜜等。这些物质不能被人体吸收利用，不是人体的营养素，多用还会对健康造成危害。那些色泽特别鲜艳的汽水里面含有的大量人工合成色素和香精会给孩子带来潜在伤害，过量色素和香精进入儿童体内后，容易沉积在他们未发育成熟的消化道黏膜上，引起食欲下降和消化不良，干扰其体内多种酶的功能，对新陈代谢和身体发育造成不良影响。

此外，一些彩色冰棍、彩色冰砖、彩色碎碎冰等也和彩色汽水一样对儿童的发育有害无利，建议不要食用。

彩色食品会影响孩子健康

孩子食用的彩色食品，虽然大多为允许使用的化学合成色素染色而成，孩子进食后不会立即引起临床可见的症状，但医学专家和食品专家经过大量的研究证实：如果长期、过多地食用彩色食品，色素就会逐渐在体内积蓄起来，引发“彩色食品综合征”，危害健康。其主要的危害在于：

1. 干扰人体的正常代谢

主要表现为体内亚细胞结构受到损害，干扰多种活性酶的正常功能，使糖、脂肪、蛋白质、维生素和激素等代谢过程受到影响，从而导致腹泻、腹胀、腹痛、营养不良和过敏症如皮疹、哮喘等。

2.消耗体内解毒物质

儿童特别是幼小的孩子免疫系统发育尚不成熟，肝脏的解毒功能和肾脏的排泄功能都较弱，如果较多食用不合格的彩色食品，色素就会在体内大量消耗解毒物质，并直接作用于靶器官，从而造成慢性中毒，妨碍孩子身体的发育和健康成长。

3.影响孩子神经功能

不少孩子平时任性，脾气暴躁，常出现过激行为，造成这种情况的原因，除了社会因素和家庭教育因素外，过多食用彩色食品也是一个不容忽视的因素。

孩子正处于生长发育期，体内器官功能比较脆弱，神经系统发育尚不健全，对化学物质尤为敏感，过多、过久地进食色素含量较高的彩色食品，会影响孩子神经系统的冲动传导，刺激大脑神经，容易引起好动、情绪不稳定、注意力不集中、自制力差、行为怪异、厌食等症状。

苋菜红

我们都知道食用色素既有人工合成也有天然存在的，而苋菜红则是两者兼具的。天然的苋菜红是以苋菜为原料，利用现代的生物技术提取而成的着色剂，主要成分为苋菜苷和少量甜菜红苷，呈紫红色粉末状，易溶于水、乙醇。苋菜红主要用于食品，如饮料、配制酒、糖果、糕点、红绿丝、青梅、山楂制品、果冻等的着色。

红苋菜属苋科植物，一年生草本，富含多种营养成分，具有清热解毒、补气明目、利大小肠等功效。其茎叶呈紫红色，色素含量高。天然苋菜红色素色泽鲜艳，无毒，安全性高，性质稳定，是天然的食用色素。由于苋菜分布广且价格便宜，所以天然苋菜红色素作为食品添加剂的开发和利用有着广阔的发展前景。

根据我国《食品添加剂使用卫生标准》规定：苋菜红色素可用于高糖果汁或果汁饮料、碳酸饮料、配制酒、糖果、糕点，最大使用量 0.05g/kg；用于红绿丝、樱桃等，最大用量 0.10g/kg。

人工合成的苋菜红同样是红褐色或暗红褐色均匀粉末或颗粒，是由两种化学试剂合成的。

天然苋菜红色素生产工艺简单，操作简便，生产成本低，“三废”少，价格低廉，仅为合成苋菜红的 1／5，由于天然苋菜红的抗氧化性、耐热性与耐光性差，因此没有得到广泛的应用，如果能尽快研究出解决这些问题的方法，那么天然苋菜红很快就能取代合成苋菜红了。

解密对苋菜红的情有独钟

苋菜富含易被人体吸收的钙质，对牙齿和骨骼的生长可起到促进作用，并能维持正常的心肌活动，防止肌肉痉挛(抽筋)。它含有丰富的铁、钙和维生素 K，具有促进凝血，增加血红蛋白含量并提高其携氧能力，促进造血等功能。苋菜还是减肥餐桌上的主角，常食苋菜可以减肥轻身，促进排毒，防止便秘。苋菜按其叶片颜色的不同，可以分为三个类型，我们这里的红苋菜的叶片是紫红色的，另外两种分别是绿苋和彩苋。苋菜有很多种做法，如凉拌苋菜、炒苋菜、苋菜汤等，将炒熟的红苋菜浇在饭上，那白米饭顿时被染得紫红，这不但满足了我们的好奇心，而且色香俱全的苋菜会让我们的食指大动。

张爱玲对红苋菜就情有独钟。她离开上海后回忆小时每天到舅舅家吃饭，总要带一碗菜。她说：“苋菜上市的季节，总是捧着一碗乌油油紫红夹墨绿丝的苋菜，里面一颗颗肥白的蒜瓣染成浅粉色。在天光下过街，像捧着一盆常见的不知名的西洋盆栽，小粉红花，斑斑点点暗红苔绿相同的铁锯齿边大尖叶子……”张爱玲不但会巧妙着色，还能把苋菜绝妙地比喻成西洋盆栽。正是因为有一颗细腻敏感的心，才会把它写成艺术品似的吧！

苋菜富含易被人体吸收的钙质，对牙齿和骨骼的生长可起到促进作用。

鉴别色素葡萄酒

所谓色素葡萄酒实际上是用各种香精、色素加酒精、黏稠剂勾兑而成，所用的色素多半是苋菜红色素。可见，这种色素葡萄酒多喝会有害身体的健康。购买葡萄酒时，要看酒体是否通红透明。此外，还可用下面这种方法来辨别色素葡萄酒：将干净的白色餐巾纸铺在桌面上，将装有葡萄酒的酒瓶晃动几下，倒少许酒于纸上，如果纸面上的酒的红颜色不均匀，或者纸面上出现了沉淀物，那么，该酒就是色素葡萄酒。

日落黄

在观看电视节目时，我们会经常看到一些食品因为添加了超标的日落黄而被责令停止销售。人们可能会问："什么是日落黄?哪些食品有这种色素添加剂? 吃了日落黄超标的食品会有什么不良后果? "

日落黄，在日本称为食用黄色素5号。日落黄是我国批准使用的食品添加剂，是橙红色、均匀的粉末或颗粒，无臭，易溶于水、甘油、丙二醇，微溶于乙醇，不溶于油脂。日落黄的水溶液呈橙黄色，吸湿性、耐热性、耐光性强。在柠檬酸、酒石酸中比较稳定。

食品按标准添加日落黄是安全的

既然有那么多的产品因为日落黄超标而被责令停止销售，是不是就可以说它对人体是有害的呢？食品添加剂安全性评价的权威机构对日落黄的安全性进行过评价，认为该添加剂的每日允许摄入量为0~2.5mg/kg。对于一种食品添加剂而言，每日允许摄入量是依据人体体重算出的估计值。以一个体重为60kg的成人的标准计算，日落黄每日允许摄入量为2.5mg/kg，这个人日落黄安全的摄入量为：2.5mg/kg×60kg=150mg。

与每日允许摄入量相对应的是人体每日对日落黄的实际摄入量，是通过摄入了多少含有日落黄的食物、在摄入的食物中日落黄的实际含量来计算的。

危害

按照中国的《食品添加剂使用卫生标准》规定，柠檬黄和日落黄可用于果汁饮料、碳酸饮料、配制酒、糖果、糕点、果冻、果酱、罐头、青梅、虾片、植物蛋白饮料及乳酸菌饮料、腌制小菜，但用量受到严格限制。人如果长期或一次性大量食用柠檬黄、日落黄等色素含量超标的食品，可能会引起过敏、腹泻等症状，当摄入量过大，超过肝脏负荷时，会在体内蓄积，对肾脏、肝脏产生一定伤害。

"日落黄"肉干损肾伤肝

熟肉制品如果被违规添加人工色素日落黄、二氧化硫、甲醛等化合物，会对人体的消化系统造成严重的刺激和损害。

日落黄是一种人工合成着色剂，有增加外观颜色鲜艳度的作用；二氧化硫有防腐、漂白作用；甲醛是一种刺激性很强的化学试剂，医学上用做防腐剂。很显然，如果消费者吃了违规使用这些物质的食品，健康可能会受到严重损害。添加了日落黄后食物颜色鲜亮，卖相好，但吃了容易引起过敏、腹泻，严重者甚至会引起哮喘。长期食用添加日落黄的食物，会加重肝脏的解毒负担，严重时会伤害肝脏功能。

山梨酸钾的home party

如何选购黄桃、草莓罐头

在一些罐头厂，也许你会看到很多没有成熟的水果，比如绿色的草莓、白色的桃子。之所以会出现没有成熟的水果，主要是因为没有成熟的水果比成熟的水果便宜很多，因此深受罐头厂家欢迎。那么用白色的桃做原料，去了皮的桃就都变成白色的，怎么能变成黄桃呢？窍门是在煮桃这道工序上。

如果你在这些罐头厂，就会发现工人会往煮桃的锅里加一些黄色的粉末。这是什么呢？其实就是我们经常在食品包装袋上见到的一种食品添加剂——日落黄。在锅里煮过的桃子，色素进入桃内就永远不变了，这样染出来的“黄桃”几乎可以乱真。

消费者在选择水果罐头的时候，首先要看水果罐头的果肉，它的颜色应该是不太均匀，有金黄色的，还有带一点儿青色的，假的黄桃罐头的果肉是完全一致的，颜色看起来很好看。正常的黄桃罐头它的汤汁应该是无色的，而经过染色的罐头，它的汤汁也是黄色的。

那么对于草莓罐头又应该如何选择呢？

对草莓罐头的选择，应该注意首先看汤汁，如果汤汁很红，说明这是经过染色的，如果汤汁略带一点儿粉红色，则是正常的。同时还要看它的果肉，染色的草莓罐头的果肉非常小，成熟度不可能达到非常好的、完整的红颜色，而正常的果肉比较大，颜色也比较浅一些。

柠檬黄

柠檬黄，乍一听起来，像是在柠檬中提取出来的色素，但它却是一种人工合成的酸性染料，主要用于食品、饮料、医药和日用化妆品的着色，也用于羊毛、蚕丝的染色及制造色淀。

目前我国允许使用的合成色素有很多，它们分别用于果味饮料、果味粉、汽水、配制酒、红绿丝、罐头以及糕点表面上色等。这些合成色素的确把食品表面装扮得格外惹人喜爱。但是，它们禁止被用于下列食品：肉类及其加工品(包括内脏加工品)、鱼类及其加工品、水果及其制品(包括果脯、果酱、果冻和酿造果酒)、调味品、婴幼儿食品、饼干等。

虽然还未有确定的关于柠檬黄的致癌性的证据，但由柠檬黄导致的过敏和其他反应却是十分常见的。对柠檬黄的过敏症状通常包括：焦虑、偏头痛、忧郁症、视觉模糊、哮喘、发痒、四肢无力、荨麻疹、窒息感等。人如果长期或一次性大量食用柠檬黄等色素含量超标的食品，可能会引起过敏、腹泻等症状，当摄入量过大，超过肝脏负荷时，会在体内蓄积，造成同日落黄一样的危

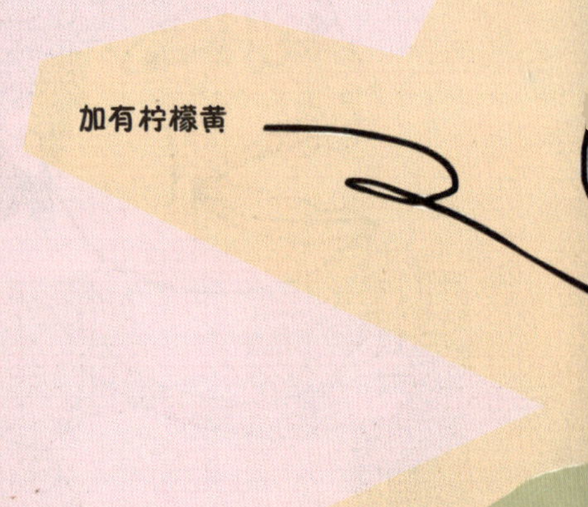

害，即对肾脏、肝脏产生一定伤害。

柠檬黄是一种人工合成的酸性染料，主要用于食品、饮料、医药和日用化妆品的着色。

诱人冰激凌变成“调色板”

为了使冷饮有美丽的颜色，很多产品都添加了不少色素，少则两种，多的达到六七种。

某品牌的香草口味冰激凌添加了焦糖色和胭脂树橙，还有的绿茶味冰激凌含柠檬黄、焦糖色、亮蓝三种色素，最令人惊讶的是某巧克力脆筒冰激凌竟添加了六种着色剂。

此外，对于消费者最为关心的营养成分表，只有少数企业做得比较细致，例如和路雪的几乎所有冰激凌产品都有营养成分表，而有的品牌冰激凌的很多产品都没有任何营养成分的标示，让不少消费者尤其是注重健康的女性感到心里没底。

蛋黄派适合当早餐吗？

蛋黄派柔软美味，食用方便，很多人都喜欢把它当做方便早餐，甚至还有不少妈妈认为它营养丰富、容易消化，常把它当做孩子的健康零食。可是，蛋黄派里面到底有什么营养，是不是合适的早餐呢？

蛋黄派的颜色为淡黄色，不过这种颜色往往是添加色素的结果。其浓烈的香气，不仅来自于蛋黄，更多的是合成香精的功劳。而香精、色素等成分都不适合孩子的生长发育，甚至还可能引起孩子多动等行为异常。黄色合成色素柠檬黄为人工合成色素，使用量较大的时候还会干扰锌的吸收，对缺锌幼儿尤其不利。

蛋黄派与其说是一种营养食品，不如说是一种口感食品。它之所以吸引人，主要在于松软绵柔的口感和香甜的味道。如果没有各种添加剂的存在，这种食品也就失去了它存在的价值。人们迷恋它，正如喜爱可乐和薯条一样，是因为一种感官享受。

窝窝头的“秘制配方”

金灿灿的窝窝头已经成了现代都市人们争相购买的“新宠儿”，同时还出现了不同牌子的玉米窝窝头的加盟店。曾有一个有便秘的市民托亲戚买来一大包窝窝头，以为这下找对了健康食品，日吃夜吃，吃得上了瘾。有的一家老少吃上瘾，奶奶不但自己每天吃上两个，每天下午接孙女时，还不忘带一个去当下午点心。打着粗粮的招牌，每人一次只能买十个的噱头，分时段销售的疑似“饥饿营销法”，更是吊足了市民的胃口。

但有人问了，玉米等配料做出来的东西一般都比较粗糙，哪有那么软那么精细，颜色还那么均匀的？在众人的揣测和怀疑下，几家窝窝头店陆续被查封，关于窝窝头“秘制配方”的真相，也逐渐浮出水面。某市有一家窝窝头店的消费者很多，为了占个好位子，早点儿买到传说中的窝窝头，大家都很早就去排队买窝窝头。该市的执法人员在对窝窝头店进行检查时，在桌子的最下面找到了一个黑色塑料袋。袋子里装的是几包黄色的液体，用透明的塑料袋密封好的。每包大约100g左右。这是添加到窝窝头原料里面的。通常一锅窝窝头有200多个，30kg左右。在和面时，把一包液体倒进30kg原料里，就能让窝窝头的颜色比较深；如果不加，窝窝头的颜色就会偏白。黑心老板还研究出了一个窝窝头配方来：

2.7kg玉米精粉+12.5kg面粉=300个玉米窝窝头。

这样一包2.7kg玉米精粉，配上12.5kg面粉，就可做出300个窝窝头。一包玉米精粉35元，而12.5kg面粉价格为30元，一般利润可以达到100多元。

类似的还有添加了柠檬黄的玉米馒头，柠檬黄色素是人工合成色素，其使用范围国家有严格规定，不得用于馒头中。此外，该色素有一般毒性和致泻性，如一次性大量食用该色素，可能会引起过敏、腹泻等症状；长期食用这种含柠檬黄的食品会对人体肝脏等造成损害。

诱惑红

很多小朋友都喜欢吃QQ糖，小小的一袋，包装上的水果晶莹饱满，字迹小而清晰，配料表上写得叫人浮想联翩，明胶香精除外，色素的名称却与众不同。

红色的叫做诱惑红，所谓诱惑红，又称艳红、罗拉红，是一种食品合成着色剂。其实它就是深的桃红色，掺在水蜜桃味道的糖里，仿佛桃子的颜色，颗颗发光，“诱惑”小朋友的眼球。

不过因为苏丹红事件的发生，让很多消费者提高了警惕，买东西的时候都会多注意食品背面的配料及成分。尤其是有小朋友的家长都会特别注意，对自己不熟悉或者不清楚的配料名称，一般都不会买。

其实诱惑红作为一种着色剂，可以添加到食品中，但用量有严格的限制，其主要用于生产肉灌肠、西式火腿和果冻等。用于肉灌肠和西式火腿时，其最大用量为0.015g/kg，用于果冻时最大用量为0.025g/kg，用于糖果包衣，最大使用量为0.085g/kg；用于冰激凌、炸鸡调料，为0.07g/kg。

诱惑红，又称艳红、罗拉红，是一种食品合成着色剂。

QQ糖
QQ糖
添加果汁

诱惑红与亚硝酸盐的大比拼

亚硝酸盐是种可以给食物提供“保护色”的添加剂。其实,诱惑红也具有这种功能。也就是说,添加诱惑红与亚硝酸盐的共同目的是要让产品外观更具吸引力、刺激购买欲及食欲。但是它们的不同点是:添加亚硝酸盐可以抑制肉毒芽孢杆菌,延长货架期,而诱惑红却无此功用。

食品的颜色往往给消费者带来第一印象。天然的杨梅、柑橘、葡萄等水果固有的特征色泽,可以刺激人们的视觉,增进食欲。颜色和外观成为人们选择食品的首要标准。受光、热等影响而退色的天然食品和色泽失真的人造食品,会使人们产生不协调、食品变质的错觉,进而产生畏惧和厌恶感。

下图是消费者对面包、饮料、烧腊等食品颜色的喜好调查图：

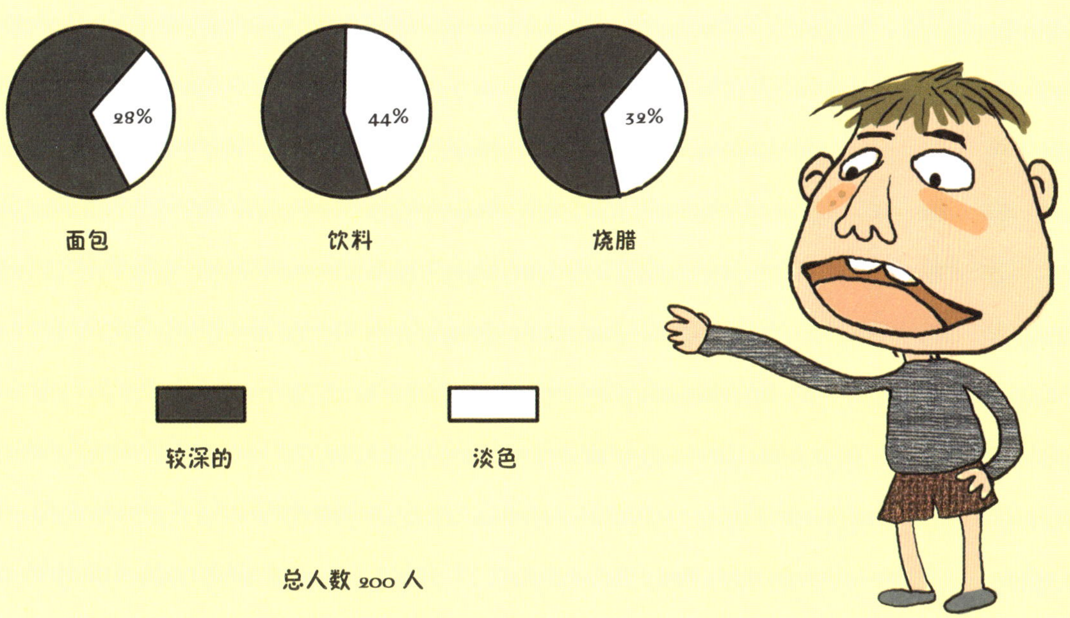

人们偏爱色泽鲜艳的食品，合成色素在此充当了“化妆品”，从而吸引消费者购买。从制造商的角度而言，为了在市场竞争中取胜，当然是采用最经济的方法来获得最高的利润。天然色素着色能力一般比较差，颜色不鲜艳，且易退色，而人工合成色素种类繁多、性质稳定、价格便宜，所以制造商一般大量使用合成色素。

人们往往追求色彩优雅、浓淡错落有致的食品。其实天然食品才是人们的理想选择，是美丽的色调结合体，更主要的是天然色素比合成色素相对安全得多。所以，我们希望食品生产商能更多地从人们的健康方面考虑，严格按照规定添加食品添加剂。当然，如果生产中不向食品中添加任何添加剂，那就更好啦！

辣椒红

辣椒红色素，顾名思义是以辣椒为原料制作而成的，它是采用科学方法提取、分离、精制而成的一种天然色素。它的主要成分为辣椒红素和辣椒玉红素，为深红色油性液体，色泽鲜艳。辣椒红色素属类胡萝卜素类色素，富含β-胡萝卜素和维生素C且安全性好，具有营养和保健的双重功效，符合人们追求绿色食品、健康消费的观念。

辣椒红色素在食品工业中的应用

辣椒红色素用于饮料、果冻、酱油及糖等食品时，在规定范围内，不仅对人体无毒副作用，而且可增加人体内类胡萝卜素类化合物的含量，有一定的营养价值。辣椒红色素的特点是：着色均匀，性质较稳定，色泽鲜艳明快、光亮度好，在食品工业中有着广阔的应用前景，尤其是在酱油等食品中的应用效果更佳。

有学者研究了辣椒红色素在食品中的上色效果，实验结果表明，食品放置3个月后，表面几乎无漂浮分层等现象发生。

日本和我国均研制出既具有良好稳定性，又具有优异着色效果，制造方便，不需要添加剂的饮料用辣椒红色素制剂。

辣椒红色素在仿真食品中的应用

辣椒红色素不仅色泽鲜艳，且有稳定性高、着色力强等特点，而且其来源广泛、价格便宜，所以它是仿真食品中较为理想的一种天然食用色素。

辣椒预防感冒

辣椒性热味辛，含有B族维生素、维生素C、蛋白质、胡萝卜素、辣椒碱、柠檬酸、铁、磷、钙等多种营养成分，尤其是维生素C的含量非常高，在蔬菜中名列前茅。它具有温中去寒、开胃消食、发汗除湿的功效,还有一定的杀菌作用,对预防感冒、动脉硬化、夜盲症和坏血病等有比较好的效果。辣椒还有预防癌症、延缓衰老的作用,特别是红辣椒在民间享有“红色药材”的美称。由于它性大热,刺激性强,不宜多吃,那些有眼部炎症、胃溃疡、高血压、牙痛、咽喉炎等症状者应忌食。

辣椒红色素是一种安全性好，具有一定营养价值和药理作用的天然食用色素之一。它已被广泛应用于食品工业、仿真食品、医药学、化妆品、高级饲料等领域。因为其耐热性良好、着色性强,以及天然、营养等方面的特征,现已成为国内外食品和食品添加剂行业开发研究和消费关注的热点之一。我国辣椒产量丰富、价格低廉,开发应用辣椒红色素具有很大的经济效益和广阔的国内外市场前景。

焦糖色素

焦糖色素即焦糖，通俗地讲，是将蔗糖熬糊后的产物。焦糖色素是人类使用历史最悠久的食用色素之一，也是目前人们使用的食品添加剂中用量最大、最受欢迎的一种。焦糖色素色率高，着色能力强，体现发酵酱油特有的红褐色，红润，鲜亮。它广泛用于酱油、食醋、料酒、酱卤、腌制品、烘制食品、糖果、药品、碳酸饮料及非碳酸饮料等，并能有效提高产品品质。

20世纪60年代，由于焦糖色素内的环化物4－甲基咪唑的问题，焦糖色素曾一度被怀疑对人体有害而被各国政府禁用。后经科学家们的多年努力研究，证明它是无害的，联合国粮食与农业组织、联合国世界卫生组织、国际食品添加剂联合专家委员会均已确认焦糖是安全的，但对其4－甲基咪唑作了限量的规定。由此，世界各国的焦糖工业加速了发展。我国的焦糖工业起步比较晚，绝大部分成品是由作坊式的手工方法生产的，能够用比较科学的方法生产的厂家寥寥无几，而且仅能生产单一的在酱油中应用的耐盐焦糖，品质较差。

虽然我国的焦糖生产技术比较落后，国外对焦糖技术封锁比较严，但也不必花大量资金去进口，我们完全可以在现有的基础上，通过刻苦的科学实验，自力更生地发展我们自己的焦糖工业。那些唯利是图、粗制滥造的个体焦糖户，政府主管部门应通过法规去管理、引导其提高，而其中的绝大部分将会被淘汰。粗具工厂规模的专业厂，应建立起科学化规模生产的格局，以质优价廉的产品去占领市场，我国的焦糖市场是十分广阔的。

可乐原是绿色的

可乐是人们最常见的饮料之一，但可乐前身其实是一种草药汁，是绿色的。可是为什么我们看到的、喝到的却不是绿色的呢？那是因为人们添加了添加剂焦糖色素后，才变成了今天这种棕褐色的饮料。

酱油颜色不是越深越好

如果你认为酱油的颜色是越深越好，那么你就大错特错啦！

酱油颜色并不是越深质量就越好。正常酱油的颜色应为红褐色，品质好的颜色会略深一点儿。但如果酱油颜色太深了，则表明其中添加了焦糖色素，香气、口感相对会差一些，这类酱油仅仅适合红烧用。酱油颜色是由酱油中的氨基酸和糖类相互作用生成的一种化合物——焦糖来决定的。酱油颜色越深，意味着营养物质氨基酸及糖类的消耗越多，颜色深到一定程度，酱油中的营养成分将所剩无几。

酱油也不是越鲜越好

虽然“鲜”也是酱油的一个品质，但我们不能过分追求“鲜”。因为近年来为了提高酱油的鲜味，有的厂家在酱油配兑的时候添加了水解蛋白质、谷氨酸、核苷酸等，虽然添加在酱油中可以增鲜，但也会影响其风味，尤其在烹调菜肴的过程中会失去鲜味，甚至产生异味，所以应选购有自然鲜味的酱油。

焦糖色素勾兑“名牌”酱油

一些不法商人在城乡结合地方的黑作坊内，用焦糖、盐、水等勾兑劣质酱油，再灌装进废旧桶内冒充某些“名牌”酱油。而那些用做灌装的废旧酱油桶，都是有专人负责收购的。勾兑好的酱油灌进包装桶里，换上新的桶盖，就变成了用大豆、小麦等粮食酿造的所谓的“名牌”酱油了。可想而知这样的酱油中的菌落总数肯定会严重超标。据专家介绍，菌落总数超标会引入病原菌,对身体情况不太好或者是老人等免疫系统比较弱的人或者有炎症的人，会导致一些疾病,容易引起腹泻。

与奶无关的奶精是这样炼成的

在职场人群中知名度比较高的速溶咖啡包装上，我们可以看到咖啡的配料成分基本上都是这样写着的:白砂糖、植脂末、速溶咖啡。其中的植脂末,便是通常说的咖啡伴侣、奶精。门道便在于这“奶”里,其实它里面没有任何奶。配料表上,它的后面跟着一个括号,括号里是一串长长的不被大多消费者熟悉的名词：食用氢化植物油、稳定剂、乳化剂、抗结剂、调味剂、葡萄糖浆、食用香料、酪蛋白酸钠等。

奶精的制造过程通常是先用乳化剂使油和水混合到一起，乳化成像牛奶一样的白色。然后再加入增稠剂使其黏稠，看上去有牛奶般的浓度。

也许有人要问，那颜色是怎么变的？

其实是焦糖色素起到的作用，焦糖色素把它染成极淡的茶色，使之看上去像奶油的颜色。为了长时间保存，还要加入 pH 调节剂。另外，再加入具有奶油香味的香料。所以奶精就是用水、油和焦糖色素等若干种添加剂做成的“牛奶式植物油”。

β-胡萝卜素

胡萝卜是中国古代从国外引种而来的一种根茎类植物，所以古代人给它冠以一个“胡”字。而胡萝卜素的得名，则与胡萝卜的颜色有关。胡萝卜的橘红色色素后来被化学家分析出来是一种化学物质，因此人们就将它命名为胡萝卜素，并一直沿用到今天。胡萝卜不仅是营养食品，而且具有防癌等功效，含有丰富胡萝卜素和多种微量营养素，是一种常见的蔬菜。目前开发天然胡萝卜素食品已经成为国际潮流。

β-胡萝卜素是类胡萝卜素之一，是1910年在胡萝卜中发现的，此后共发现3种胡萝卜素异构体。β-胡萝卜素是自然界中普遍存在，也是最稳定的天然色素之一。许多天然食物中，例如甘薯、菠菜、木瓜、杧果等，皆含有丰富的β-胡萝卜素。

现在的馒头为什么那么白?

现在市场上卖的很多馒头，每个都雪白雪白的，热气腾腾，看起来很诱人。但馒头真的越白越好吗?

大家都知道，馒头是由面粉制成的，小麦磨制的面粉，混入了破碎的皮质，因为其中含有核黄素、β-胡萝卜素等，微带黄色，这是正常的。面粉生产厂家在面粉中添加一种叫过氧化苯甲酰的氧化漂白剂。它可以氧化β-胡萝卜素、核黄素，使其退色。含有过氧化苯甲酰的馒头加热时，过氧化苯甲酰转化为苯甲酸，当温度超过100℃时，苯甲酸随水蒸气而汽化掉一部分,还有极少量的苯甲酸进入人体。另外，加入过氧化苯甲酰的馒头不仅破坏了β－胡萝卜素，而且也会改变馒头的口感。所以说,不见得白白的馒头就是最好的。

保健用途

β－胡萝卜素作为一种营养强化剂和着色剂，可广泛应用于饮料、酸奶、糖果、人造黄油、食用油、焙烤食品中，具有着色力强、色泽均匀、稳定等优点，符合天然、营养、多功能标准。另外，β－胡萝卜素作为医药保健食品原料，可广泛添加于保健产品中，如改善视力、清除人体垃圾、增强人体免疫力等保健产品。

β－胡萝卜素也是一种抗氧化剂，具有解毒作用，是维护人体健康不可缺少的营养素，在抗癌、预防心血管疾病、白内障及抗氧化上有显著的功效，并进而防止老化和衰老引起的多种退化性疾病。另外，在促进动物的生育与成长方面也具有较好的功效。

β－胡萝卜素作为一种食用油溶性色素，其本身的颜色因浓度的差异，可涵盖由红色至黄色的所有色系，因此受到食品业相当热烈的欢迎。它非常适合油性产品及蛋白质性产品的开发，如：人造奶油、胶囊、鱼浆炼制品、素食产品、速食面的调色等。

建立在以人口为基础的研究表明：人如果每日吃四份或更多富含 β－胡萝卜素的水果和蔬菜，那么他们患心脏病或癌症的机率会更低。然而有趣的是，其他的研究却指出刻意补充 β－胡萝卜素的人实际上更有可能患上此类疾病。研究人员认为，健康、合理、营养丰富的饮食比单一地补充 β－胡萝卜素能更有效地对抗癌症和心脏病。

补充 β－胡萝卜素能够使眼睛更漂亮

常吃 β－胡萝卜素能使眼睛更漂亮，为什么？

首先，美国等发达国家居民经常用 β－胡萝卜素喂宠物，可使其皮毛亮丽、眼睛有神。

其次，β－胡萝卜素犹如天然眼药水，帮助保持眼角膜的润滑及透明度，促进眼睛健康。

第三，β－胡萝卜素可以预防夜盲症、干眼症、角膜溃疡症以及角膜软化症，还可治疗老年性白内障等。经常在暗室、强光、高温或深水环境工作的人，以及放射线作业者，还有经常看电视、长期使用电脑的人，都应多食含 β－胡萝卜素的水果和蔬菜，以抵抗不良环境。

食物来源

β－胡萝卜素最丰富的来源是绿叶蔬菜和黄色的水果，杧果是 β－胡萝卜素最多的水果之一，柑橘、黄杏、菠萝等黄色水果也含有少量 β－胡萝卜素。大体上，越是颜色深的水果或蔬菜，β－胡萝卜素的含量越丰富。

过量食用 β－胡萝卜素的弊与利

怀孕和哺乳

研究指出 β－胡萝卜素对胎儿或婴儿没有毒，但没有相关研究能证实这结论同样适用于成人。β－胡萝卜素补充剂可以进入母乳，但没有相关研究证实在哺乳期间服用它的安全性。因此，当孕妇或哺乳期的母亲需要服用 β－胡萝卜素补充剂时，应该接受医生或医学专家的指导建议。

宝宝过多饮用以胡萝卜或西红柿做成的蔬菜汁，都有可能引起胡萝卜素血症,使面部和手部皮肤变成橙黄色。

胡萝卜素血症

胡萝卜素血症是一种因血液内胡萝卜素含量过高引起的肤色黄染症。胡萝卜素作为一种脂色素,可使正常皮肤呈现黄色。若进食过量富含胡萝卜素的胡萝卜、橘子、南瓜、红棕榈油等后可使血液中胡萝卜素含量明显增高。所以长期过量服用 β－胡萝卜素会使皮肤变成橘黄色，但是该物质没有毒性。研究表明,服用的 β－胡萝卜素剂量最好不要超过从多种维生素以及日常饮食中摄取的量。

中老年人每年得几次“胡萝卜素血症”有益健康

β－胡萝卜素是摄取量不加限制的无毒的高级维生素,能显著改善细胞之间连接的信号传递,在美容、增强记忆、抗心脑血管疾病、防癌抗癌、生殖系统、泌尿系统等方面发挥重要作用。中老年人每天补充大量的 β－胡萝卜素才可能得“胡萝卜素血症”,并且该症状对人体无害,只是充分利用 β－胡萝卜素彻底清除相关病症的一个标志。

红曲

红曲最早发明于中国，已有一千多年的生产、应用历史，是中国及周边国家特有的大米发酵传统产品。红曲米是中国独特的传统食品，距今已经有千年历史，早在明代药学家李时珍所著《本草纲目》中，就记载红曲可作为中医药材，认为红曲营养丰富、无毒无害、具有健脾消食、活血化淤的特殊功效。所以红曲历来被视为安全性高的食品补充剂。

健
脾
消
食
活
血
化
淤

可见在食品中添加色素也并不是现代人的专利。在我国古代，人们就知道利用红曲色素来制作食物。人们把大米敞口发酵，经过七八天，大米由白变成鲜艳的紫红色。红曲一般用于制酒。如福建的红曲酒、台湾的红露酒，都有健身功效。红曲还用于食品着色，如红腐乳。近年也应用于红色香肠的着色，以减少肉制品中发色剂亚硝酸盐的用量，因为亚硝酸盐超量会引起癌变。

以红曲米为原料，利用现代的生物技术提取而成的天然着色剂，主要成分是红斑素、红曲红素、红曲素、红曲黄素、红斑胺、红曲红胺，呈红色或暗红色粉末。该产品应用于酒、糖果、熟肉制品、腐乳、雪糕、冰棍、冰激凌、饼干、果冻、膨化食品、调味类罐头、酱菜、糕点、火腿的着色，也可用于医药和化妆品的着色。

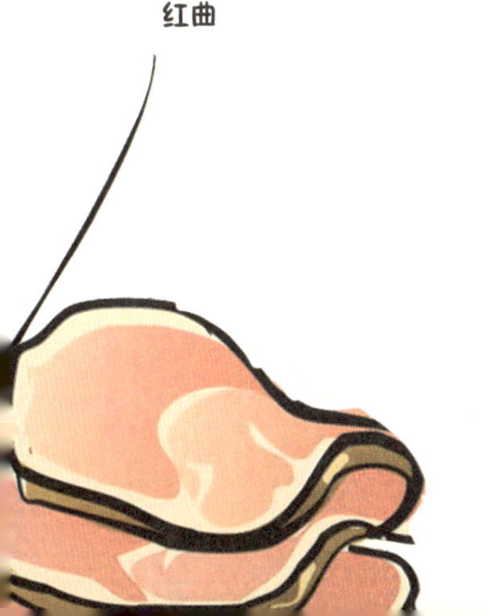

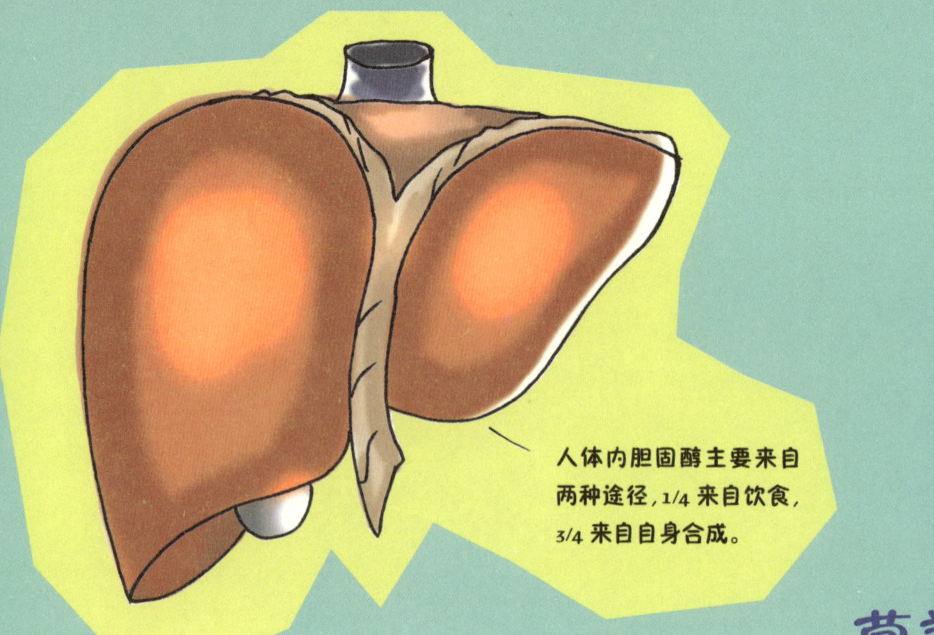

营养价值

1. 近代医学研究报告指出，红曲具有降血压、降血脂的作用，所含红曲霉素可阻止胆固醇的生成；

2. 红曲米外皮呈紫红色，内心红色，微有酸味，味淡，它对蛋白质有很强的着色力，因此常常作为食品染色色素；

3. 红曲米与化学合成红色素相比，具有无毒、安全等优点，而且还有健脾消食、活血化淤的功效。

药用价值

红曲在古代称丹曲，是我国古代的伟大发明之一。红曲是以大米为原料经微生物发酵而成，含有酵母、蛋白酶、淀粉酶及多种生理活性物质。在欧美及日本，红曲的研究推广已经相当广泛，近代的科学研究也证实了食用红曲对人体健康有极高的益处。

众所周知，心脑血管疾病是当前威胁中老年人群健康的第一杀手，而患高血脂和高胆固醇症又是主要病因之一，长期服用降血脂降血压的药物，对身体有很大副作用，尤其对肝肾等脏器伤害更大。20 世纪 80 年代初期，日本学者发现了红曲中含有天然降血脂降血压物质，可以从自然健康的角度帮助改善体内胆固醇含量，并且不会对身体有任何不良影响以及毒副作用。另外，红曲发酵可分离出一种物质叫辅酶，这种辅酶能通过一系列的生物化学作用，起到增强免疫力的作用。

护色剂

化"腐朽"为"神奇"的食品护色剂

各类食品饮料都会不同程度地受日晒、高温、氧化、酶变、水质等因素影响而退色、变色，不但影响了外观，也降低了品质，严重的还会使食物失去营养价值。食用护色剂是根据各种造成食品退色的因素，综合了各种抑制办法而精心配制的，广泛适用于饮料、糖果、糕点、水果、果脯、腌菜、蔬菜、鱼肉制品等食品。

其实，食品护色剂本身并不具有颜色，只是一种能使食品产生颜色或使食品的色泽得到改善的添加剂，所以我们习惯性地称为发色剂或呈色剂。

在肉类腌制过程中，我们经常可以见到护色剂的身影，经过它装扮和修饰的食品，你会感觉它有一种化腐朽为神奇的力量。如为了让腌制的熟肉看起来更鲜艳，护色剂就发挥了很大的作用。肉制品有了它，能常葆“青春”，就像年老色衰的妇人用了化妆品，能容光焕发一样。

我国批准许可使用的护色剂为亚硝酸盐。其实，不仅是那些熟食中人为地添加了护色剂，就连我们每天食用的蔬菜、肉类等食品也含有护色剂。例如，蔬菜中的亚硝酸盐含量为4mg/kg，肉类中约为3mg/kg，蛋类中约为5mg/kg，某些食品含量更高，豆粉为10mg/kg。

亚硝酸盐是有毒的化学物质，本身虽非致癌物质，但却有间接致癌性。尤其可与一些物质生成强致癌物——亚硝胺，因此人们一直力图选取某种适当的物质取而代之。但由于它除可护色外，还可以起到防腐以及增强肉制品风味的作用，所以到目前为止，尚未见有既能护色又能抑菌，且能增强肉制品风味的替代品。权衡利弊，各国都在保证安全和产品质量的前提下严格控制使用。

亚硝酸钠

亚硝酸盐，我们在大街上随便拉几个人问问，恐怕没几个人认识它，但它却几乎天天光临我们的身体，它要是光临之后，大摇大摆地走了，我们和它相忘于江湖那也是可以的。可怕的是，要是我们不注意，让它光临次数多了，它也许会恋上我们的身体，不肯走了，还要在我们的身体里捣一下乱，干点儿其他的坏事，当它的坏事干成了，我们再来认识它，那时候我们也许有一只手已经被上帝拉住了。

亚硝酸钠是亚硝酸盐中我们最常见的一种，色白略带黄色、有咸味，与**食盐氯化钠外形极其相似**，所以千万不能误食。它是食品添加剂中毒性最强的物质之一。摄食后可与血红蛋白结合形成高铁血红蛋白而失去供氧功能，如摄入200mg至500mg，10分钟就会出现中毒症状，如呕吐、腹痛、呼吸困难等，超过3g可立即致死。它在一定条件下可转化为强致癌的亚硝胺。但目前亚硝酸钠却有很多不可替代的因素：不仅可以使肉制品色泽红润，还可以抑菌、保鲜和防腐。

杀手：亚硝酸盐

亚硝胺可导致食道癌和胃癌，它一般存在于腌制食品中。咸菜、咸肉、酸菜等都含有亚硝酸盐。亚硝胺是硝酸盐还原为亚硝酸盐再与胺结合而成的产物，而硝酸盐及亚硝酸盐均广泛存在于腌酸菜、咸菜、咸鱼、咸肉、烟熏食物中。

绿叶蔬菜的亚硝酸盐是怎么产生的?

蔬菜中含有硝酸盐，是由于菜农大量使用化肥，尤其是氮肥，超过了蔬菜的需要量，在收摘之前还在施肥，这些蔬菜来不及把它们全部用来合成营养物质，只好以硝酸盐的形式留在蔬菜中。硝酸盐本身无毒，然而蔬菜在储藏一段时间之后，由于酶和细菌的作用，硝酸盐被还原成亚硝酸盐。绿叶蔬菜中的硝酸盐含量，一般而言，食用果实类蔬菜含量低，而食用根、茎、叶的蔬菜含量就要高一些，顺序可大体排为：绿叶菜类 > 白菜类 > 葱蒜类 > 豆类 > 茄果类 > 菌菇类。

绿叶蔬菜在 30℃的屋子里储存 24 小时，其中的维生素 C 大多会被破坏，而亚硝酸盐的含量则上升了几十倍。市场上采购蔬菜应注意挑选最新鲜的，切勿贪图便宜而购买变质的蔬菜。此外，新鲜蔬菜在冰箱内储存期不应超过 3 天，凡是已经发黄、萎蔫、水渍化、开始腐烂的蔬菜都不要食用。已经做熟的绿叶蔬菜，要当餐食用，不要食用上一餐剩余的绿叶蔬菜。调查发现，我国膳食中 80%左右的亚硝酸盐来自蔬菜。在许多情况下，蔬菜中的亚硝酸

盐很可能比农药危害更大。农药残留可进行安全性检查，而蔬菜中亚硝酸盐则不在检查之列，因此食用绿色蔬菜一定要注意保持新鲜。

蔬菜中含有较多硝酸盐类，煮熟后放置过久，在细菌和酶的作用下，硝酸盐也同样会还原成亚硝酸盐，与胃内蛋白质分解的产物相作用，形成致癌的亚硝胺。所以人们在吃了这些剩菜后，很容易诱发胃癌。另外，调整饮食防胃癌的其他方法有：低盐饮食，可以减少硝酸盐及亚硝酸盐的摄入；多吃新鲜蔬菜和水果，其中丰富的维生素 C 能抑制亚硝酸盐与胺结合。

韭菜做熟后不宜存放过久

韭菜最好现做现吃,不能久放。如果存放过久,其中大量的硝酸盐会转变成亚硝酸盐,引起毒性反应。另外,宝宝消化不良也不能吃韭菜。

绿叶蔬菜不宜长时间焖煮

绿叶蔬菜在烹调时不宜长时间地焖煮。不然,绿叶蔬菜中的硝酸盐将会转变成亚硝酸盐,容易使人们食物中毒。

另外,前一年冬季腌制的酸菜、咸菜,随着春季气温的升高,里面含有的亚硝酸盐含量会增加,一次性食用过多颜色过深、已变黏的酸菜或咸菜,容易引起亚硝酸盐中毒。

再利用早餐——剩饭、剩菜加工而成

剩饭剩菜或剩菜炒饭、剩菜煮面条等等,都会影响我们的健康。

不少家庭的主妇和“煮夫”都会在做晚饭时多做一些,第二天早上给孩子和家人做炒饭,或者把剩下的菜热一下。这样的早餐制作虽然方便,但是一点儿都不健康!

据科学测定,有些隔夜菜特别是隔夜的绿叶蔬

菜，非但营养价值不高，还会产生致病的亚硝酸盐。

炒熟后的菜里有油、盐，隔了一夜，菜里的维生素都被氧化了，使得亚硝酸含量大幅度增高，进入胃后变成亚硝酸盐，硝酸盐虽然不是直接致癌的物质，但却是影响健康的一大隐患。亚硝酸盐进入胃之后，在特定的环境下会生成一种诱发胃癌的物质。尤其是在天气热的时候，隔夜的饭菜受到细菌污染，会大量繁殖，很容易引发胃肠炎，导致食物中毒。

蔬菜的健康吃法

通常茎叶类蔬菜硝酸盐含量最高，瓜类蔬菜稍低，根茎类和花菜类居中。因此，如果同时购买了不同种类的蔬菜，应该先吃茎叶类的，比如大白菜、菠菜等。如果准备多做一些菜第二天热着吃的话，应尽量少做茎叶类蔬菜，而选择瓜类蔬菜。

久置的开水

开水或许没有保质期，但是开水久置以后，其中含氮的有机物会不断被分解成亚硝酸盐。尤其是存放过久的开水，难免有细菌污染，此时含氮有机物分解加速，亚硝酸盐的生成也就越多。饮用这样的水后亚硝酸盐与血红蛋白结合，会影响血液的运氧能力。所以在暖瓶里多日的开水、多次煮沸的残留水、放在炉灶上沸腾很久的水，其成分都已经发生变化而不能饮用了。应该喝一次烧开、不超过24小时的水。此外，瓶装、桶装的各种纯净水、矿泉水也不宜存放过久。大瓶的或桶装的纯净水、矿泉水超过3天就不应该喝了。公共场所烧制的饮用水一般都经多次煮沸，应及时清理残留水。

火锅中的“秘密”

火锅味美，人所共知，适当食用，对身体有利。火锅虽好，却不能贪吃，为何？常人皆知其中麻辣的作料对皮肤及肠胃不好，尤其是对于那些爱美的女士。然而其最大的危害却并非人人知晓，那就是火锅汤底烧煮的时间越长，其亚硝酸盐的含量就会越高。四川是我国食道癌多发区之一，这和火锅多少有一点儿关系。从火锅中引出亚硝酸盐，决不是叫大家不要吃火锅，火锅肯定是要吃的，那么美味，那么能够融洽气氛，但是要适可而止。

看到这里，是不是有点儿毛骨悚然，原来癌症离我们如此之近？其实事情也没有那么糟糕，致癌性只在一种可能下发生，并且还需要特定条件，那就是量比较大的亚硝酸盐在没有维生素 C 的情况下与肠中很多的二级胺和三级胺在酸性条件下生成亚硝胺。但只要我们能够正确地认识它，使用它，它对我们的生命也不会构成威胁。亚硝酸盐并不可怕，可怕的是我们没有科学知识和良好的生活习惯。你不注意它，放纵它，总是去亲近它，它就会危害你。诸葛亮要刘禅“亲贤臣，远小人”，生活中不可能没有小人，你只能去疏远它才能使自己不至于被污染或是被加害，对于亚硝酸盐亦是此理。

为了让亚硝酸盐不至于成为我们生活中的捣乱分子，要注意以下几点：

1.亚硝酸盐不要乱放，要用标识写明，且不要与一般的食品放在一起，这主要是针对建筑工地和工厂。

2.吃火锅时间不要超过两个小时，且火锅底料不能多次重复使用。

3.对于烟熏鱼肉，不能吃得太多。

4.对于腌制的咸菜，至少要腌20天才能食用。

5.不要同时食用含亚硝酸盐和胺类物质量较多的食物。

6.在市场上购买肉制品时，注意其颜色是否过于鲜艳，且应到那些经过安全质检的市场上去购买。

7.多吃抗癌类食物，如富含维生素C的柑橘、西红柿、大蒜等。

小知识：

防癌食物可分为八大类：

1.洋葱类：大蒜、洋葱、韭菜、芦笋、青葱等；

2.十字花科：花椰菜、甘蓝菜、芥菜、萝卜等；

3.坚果和种子：核桃、松子、开心果、芝麻、杏仁、胡桃、瓜子等；

4.谷类：玉米、燕麦、小麦等；

5.荚豆类：黄豆、青豆、豌豆等；

6.水果：柳橙、橘子、苹果、哈密瓜、奇异果、西瓜、柠檬、葡萄、葡萄柚、草莓、菠萝等各种水果；

7.茄科：番茄、马铃薯、番薯、甜菜；

8.状花科：胡萝卜、芹菜、荷兰芹、胡荽、莳萝等。

香

食用香料

如何让你的食物变得更加香气宜人

民以食为天，食以味为先。追求美味可口也是我们上古祖先之能事。现代社会生活水平的提高，生活节奏的加快，各国食文化的相互渗透以及人们饮食习惯的改变极大地促进了食品工业的发展，同时也对食品香味提出了越来越高的要求，在品尝饮料或糖果、饼干时，你常能在食品配料栏中看到“食用香料”、“食用香精”等字样。然而，加入的香料、香精到底是什么？

食用香味料简称食用香料，亦称增香剂，是我们能用嗅觉和味觉感受出气味和味道的一种食品添加剂。就食品添加剂而言，食用香料是赋予食品香气为主的物质，个别尚兼有赋予特殊滋味的功能。食用

香料是为了提高食品的风味而添加的香味物质，除了直接用于食品的香料外，其他某些香料如牙膏香料、烟草香料、口腔清洁剂、内服药香料等，在广义上也可看做食用香料一类。食用香料分允许使用和暂时允许使用两类，根据来源不同又可分为天然和人造香料。目前我国允许使用的食用香料有534种，包括天然香料137种，人工合成香料397种，暂时允许使用的香料有157种。

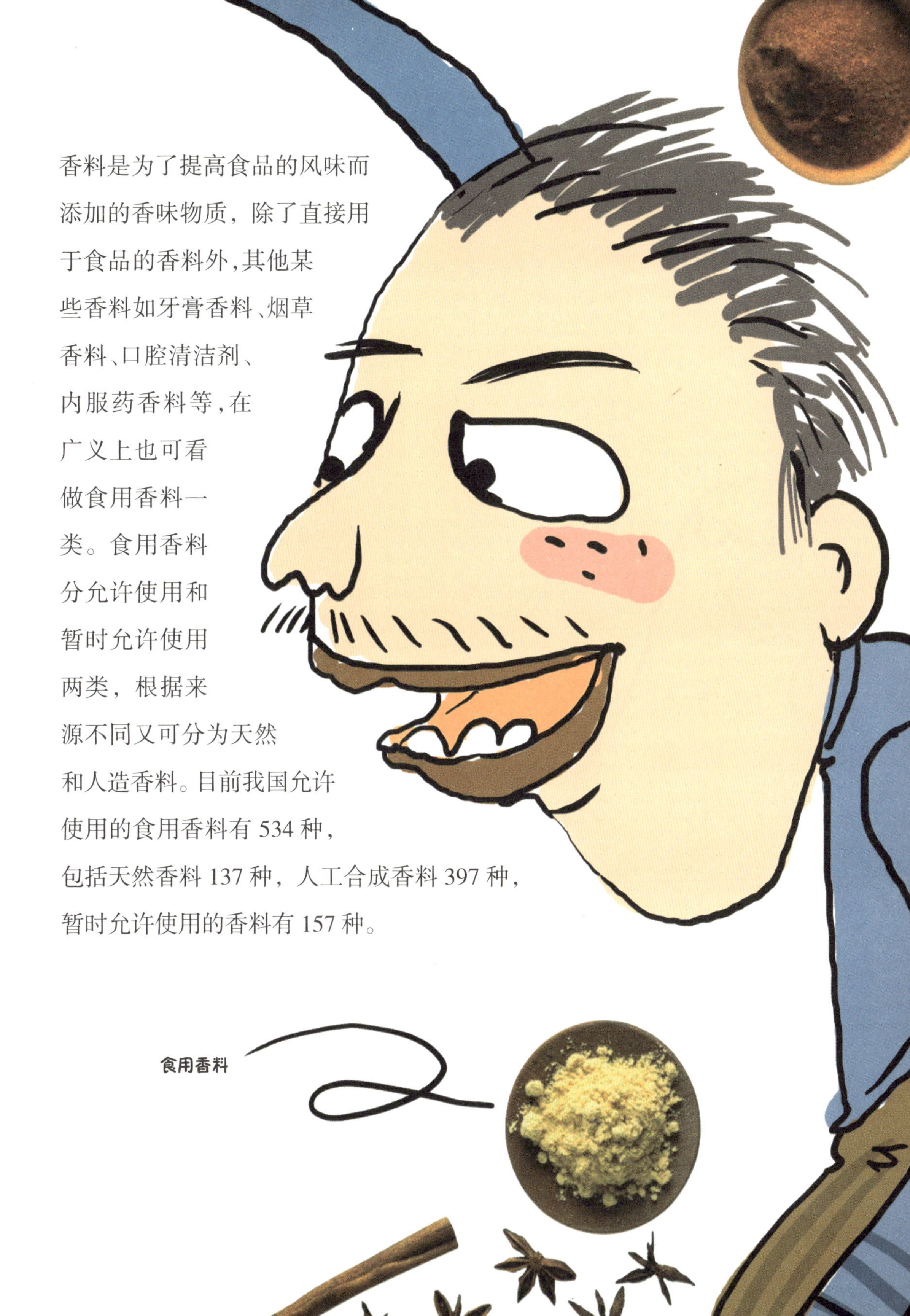

食用香料

食用香精是由各种食用香料和许可使用的附加物调和而成，用于使食品增香的食品添加剂。食用香精的调香效果主要是模仿天然瓜果、蔬菜的香和味，注重于香气和味觉的仿真性。

食用香料是发展食用香精的基础，其发展的重点趋向于天然香料和仿同天然香料。近年来国内外相继合成一大批新的含氮、含硫和含氧杂环类的食用香料，如吡嗪、噻吩和呋喃类化合物等，并进一步配制成不同香精，用于各种方便食品、人造食品，如人造牛肉、猪肉、鸡肉和海味类食品等，促进了食品工业的发展。

食品香料不但能够增进食欲，有利消化吸收，而且对增加食品的花色品种和提高食品质量具有很重要的作用。

酸奶口味雪糕不含酸奶

酸奶口味雪糕中不含酸奶、香草口味冰激凌中也不见香草……除了细菌问题，冷饮中的食品添加剂越来越多，却越来越名不副实，早已远离了过去“绿豆

棒冰等于绿豆沙加水”的天然与实在。

在超市中我们可以看到某品牌的酸奶口味雪糕的配料有饮用水、白砂糖、全脂乳粉、食用植物油、饴糖、鸡蛋、食品添加剂(增稠剂、乳化剂、酸度调节剂、食用香精、甜蜜素),唯独不见酸奶的身影。很多消费者一直以为酸奶口味雪糕是以酸奶为原料做的,因为吃起来完全是酸奶的味道。但是到底是什么神秘的东西做出了完全与酸奶一致的味道呢?

其实,酸奶雪糕中确实不含酸奶,也并非全脂乳粉在生产中加工为酸奶后制成,其酸奶口味是通过添加剂的工艺处理后达到的。某些大品牌的香草口味冰激凌,也不含香草,口味完全由食用香精等添加剂来达成。其他诸如草莓、巧克力等口味的冰激凌,很多厂家添加的也只是草莓香精或代可可脂,并非天然草莓和纯巧克力。

食用香料与日用或其他香料不同

1.食用香料以再现食品的香气或风味为根本目的。因为人类对未品尝过的食品的香气及风味有本能的警惕性,而日用香料则可以具有独特的幻想型香气,并为人们所接受。

2. 食用香料必须考虑食品味感上的调和,很苦或很酸涩的香料不能用于食品。而其他香料一般不用考虑味感的影响。

3.人类对食用香料的感觉比日用香料敏感得多。

食用香料的副作用

食用香料因用量少，一般不会危害健康。但近年发现，某些天然香料中含有黄樟素，这是一种具有强烈芳香气味的液体，动物实验发现其可引起肝脏病变，所以天然香料对人体的潜在危害也不应忽视。人造香料大都来自石油化工产品和煤焦油等原料，分酯类、酸类、醇类、酚类、酮类、醚类、类脂等。由于原料及配方不同，人造香料也有不同的气味。

而香精单体种类繁多，有的有毒，有的无毒，要保证人工食用香精的安全使用，必须从香精单体着手。卫生部官方网站发布的《婴幼儿配方食品和谷类食品中香料使用规定》指出，凡适用范围涵盖 0 至 6 个月婴幼儿的配方食品不得添加任何食用香料。食用香料的安全取决于原料，只要对原料的安全把好关，香料的安全就有保证。

香兰素

人类合成的第一种香精是香兰素，又称香草醛、香草素。它是由德国的M.哈尔曼博士与G.泰曼博士于1874年合成的。它有驱除食品苦味、涩味、腥味，延长储存期的作用。

香兰素一般可分为甲基香兰素和乙基香兰素。通常所说的香兰素为甲基香兰素。乙基香兰素属于广谱型香料，是当今世界上最重要的合成香料之一，是食品添加剂行业中不可缺少的重要原料，其香气是甲基香兰素的3~4倍，具有浓郁的香荚兰豆香气，且留香持久。

香兰素其用途十分广泛，如在食品、日化、烟草工业中作为香原料、矫味剂或定香剂，其中饮料、糖果、糕点、饼干、面包和炒货等食品用量居多。目前还没有相关报道说香兰素对人体有害。香兰素是食用调香剂，会产生浓烈奶香气息，是人们普遍喜爱的奶油香草香精的主要成分。广泛应用在各种需要增加奶香气息的调香食品中，如蛋糕、冷饮、巧克力、糖果、饼干、方便面、面包以及烟草、调香酒类、牙膏、肥皂、香水、化妆品等行业，还可用于香皂、牙膏、香水、橡胶、塑料、医药品等。目前所用的香兰素都是人工合成的，加入巧克力中成为香草香型的巧克力。

天然香荚兰豆中含3%左右的香兰素，提取后可获得价值高达3 000美元/千克的名贵香料，全世界天然香兰素的产量每年仅20吨，不但价格昂贵，而且数量有限，不能满足市场需求。马达加斯加及印尼种植该品种，我国海南岛也种植香荚兰豆，不过由于气候原因，质量不佳。

为了保证婴幼儿身体健康,国家卫生部规定:较大婴儿和幼儿配方食品可以使用香兰素、乙基香兰素和香荚兰豆浸膏,最大使用量分别为5mg/100ml、5mg/100ml和按照生产需要适量使用。而婴幼儿谷类食品(婴幼儿配方谷粉除外)中可以使用香兰素,最大使用量为7mg /100g,其中100g以即食食品计,生产企业应按照冲调比例折算成谷类食品中的使用量。但凡适用范围涵盖0至6个月婴幼儿配方食品不得添加任何食用香料。

乙基麦芽酚

我们虽然不了解乙基麦芽酚，但是却经常吃到它。乙基麦芽酚具有甜白糖、焦糖、果酱、草莓香气，味先酸后甜，稀释溶液为甜甜的果香味，香味柔和持久，是一种用途广、效果好、用量少的理想食品添加剂，是食品、饮料、香精、果酒、烟草、日用化妆品等良好的香味增效剂，对食品的香味改善和增强具有显著效果，对甜食起着增甜作用，且能延长食品储存期。

乙基麦芽酚有"风味乳化"作用，可以使两个以上的风味更加协调，使食品产生更醇厚的风味，使整体香味更统一，产生令人遐想的特征风味。例如：在勾兑果酒时，由于其果味不明显而酒精味道强烈，不易被消费者接受。然而在这种酒中加入乙基麦芽酚，可使酒精味缓和且果味明显突出，并使两者合成一体，产生了很好的风味。乙基麦芽酚对山楂酒、葡萄酒的增香效果也很好。

乙基麦芽酚的类型

一、纯香型

纯香型的乙基麦芽酚水果香味突出。添加到各种不同的水果、凉果制品、天然果汁、酒类、乳制品、面包糕点、酱油、中成药、化妆品中，能明显提高果鲜味，抑制苦、酸、涩等味，获得最适宜的水果香甜鲜味，同时获得极佳的口感。尤其是用其配制各种烟用香精香料，添加在香烟中，会使烟味更加醇香芬芳，吸后减少口腔、咽喉的干燥感涩苦味，口、喉觉得清新舒适。

二、焦香型

焦香型的乙基麦芽酚有极浓醇的焦糖香味，对各种食品原有的香甜鲜味有极强的增效作用。适用于肉制品、烧腊品、罐头、调味品、糖果、饼干、面包、巧克力、可可制品、麦片、槟榔、凉果蜜饯制品及各种饲料等。尤其添加进各种肉类制品，能和肉中的氨基酸起作用，明显提高肉香和鲜味。因而，焦香型乙基麦芽酚在当今各类食品行业中应用得越来越广泛。

帮你了解话梅的成分

话梅肉让很多人“爱不释口”，其实这种蜜饯类食品几乎是各种甜味剂的大杂烩！看看它的配料表就知道了：鲜杏肉、白砂糖、食盐、奶油、柠檬酸、甜菊糖苷、阿斯巴甜、甜蜜素、甘草、香兰素、乙基麦芽酚、山梨酸钾、糖精钠、安赛蜜、苯甲酸钠。

白砂糖自不必说。甜菊糖苷和甘草是天然植物中的甜味物质。阿斯巴甜是来自氨基酸的高效甜味剂，而甜蜜素、糖精钠和安赛蜜是货真价实的合成甜味剂，它们都没有什么营养价值。它们的甜度是蔗糖的几十倍到几百倍，只需加一点点就足够甜了。

这么多的甜味物质，自然会令人发腻。于是需要添加柠檬酸和食盐，用酸味和咸味帮助味道变得更有层次感。香兰素和乙基麦芽酚都是增香用的添加剂，它们能让食物的甜味变得香浓诱人。乙基麦芽酚本是面包香气中的成分，而香兰素原是香草中的成分，有奶油糖的香甜气息。一些产品之所以味道超群，奥秘主要源于这两种东西，而且只需要加一丁点儿。

乙基麦芽酚作为肉类香精的作用

1.增加产品的香气

肉制品加工过程中,乙基麦芽酚能和氨基酸发生反应,明显增加产品的肉香,并能最大程度地提升肉制品本身的鲜香味,且具有与不同的肉作用产生不同效果的特点。乙基麦芽酚可以有不同的香气,在高浓度下呈现出层次各异的棉花糖味,受热后呈焦甜香味,并带有水果气味,溶解性较大,能够在较低的温度下升华,使其具有增香的特性。乙基麦芽酚在加入糖精的疗效食品中,能有效地减少苦味,同时获得最适合的甜度,使口感由粗糙变得细腻。

2、改进原料的特性

在肉制品加工中添加乙基麦芽酚后,乙基麦芽酚将与铁离子发生化学反应,生成一种叫做球蛋白络合物的物质。由于球蛋白络合物在一般状态下易于进一步分解,其一部分产物是带浅绿色的卟啉,从而影响肉制品的风味和品质。乙基麦芽酚的存在可

有效地防止肌红蛋白降解的发生，或者是在不添加亚硝酸盐状态下，就可以使罐装熟肉呈粉红色。乙基麦芽酚还具有去除原料的杂味，保持长久的清香风味的功效，比如肉制品加工中冷冻肉的肉质、肉感、风味都不如鲜肉，如果加工中添加乙基麦芽酚，将最大限度缩短两者口感上的差异性。

3.协调产品整体风味特色

乙基麦芽酚在肉制品加工中作为一种基料添加，并不突出自身的香气，而是起到增强、修饰并稳定整体风味体系的作用，使产品中一些异味或香气等得到进一步的修正和提升，从而使产品的特色更加完善、醇厚、协调。

安全使用乙基麦芽酚

1.安全性不容忽视

乙基麦芽酚经过多次病理学和毒理学实验后发现，其对动物和人体等均没有发生异常，在食品加工业中是限量使用的，并且乙基麦芽酚是按照《食品化学品药典》的主要规定推向市场的。它是美国食品安全添加剂食用香料制造者协会、欧共体食品科学委员会以及中国食品添加剂协会都认可的产品，所以食品添加剂乙基麦芽酚在食品中运用的安全性问题是毋庸置疑的。

2.使用乙基麦芽酚的禁忌

乙基麦芽酚极易与铁离子络合而变成红紫色，故对含铁物质十分敏感，与铁接触后，会逐渐由白变红。因此，储存中避免使用铁容器，其溶液也不宜长时间与铁器接触，适宜放在玻璃或塑料容器中储存。因此，含乙基麦芽酚的产品如欲避免颜色变红，制作过程中就应避免接触含铁物质。存放其溶液最好采用玻璃、不锈钢或塑料容器，以阻断其络合物的产生。乙基麦芽酚遇碱呈黄色，所以当某些产品的颜色发黄时就说明该食品已经变质，我们也应避免使用碱性原辅料与添加剂。在带酸性的产品中使用，其抑酸、协调、增香及增甜效果更为显着，pH 值升高香味则逐渐减弱。

乙基麦芽酚与鱼饵添加剂

乙基麦芽酚俗名为香虎，钓友们用香虎的话，最好的方法就是到一些大的出售食品添加剂的店，直接买乙基麦芽酚，一般是500克装的。乙基麦芽酚就是食用的，没有食用工业用之分，就像酱油一样，就是食用的，别被人骗说什么工业用的浓度高云云。的确，20世纪因为生产工艺等各种原因，国产的乙基麦芽酚是有可能味道不正，纯度不高，但是现在，这些问题已经得到解决。因为购买回来的乙基麦芽酚浓度高，不宜直接添加，须使其充分溶解后再添加到饵料中。用热水溶解最好，凉水次之，酒亦可。

如何鉴别真假乙基麦芽酚

最简单的鉴别方法就是品尝法，乙基麦芽酚的味道为微苦、微辣、口感发涩，而目前流行较广的假冒乙基麦芽酚口味较甜爽。

营养
价值

营养强化剂

让你的食物变得更营养

传统的食品并非营养俱全，而且食品中的各种营养素还会在我们加工、烹调等处理过程中大量丢失，怎么办呢？为了保证营养的均衡，往往需要在食品中添加营养强化剂以提高营养价值。所谓营养强化剂，是以增强和补充食品的营养为目的而使用的添加剂。其主要有氨基酸类、维生素类及矿物质和微量元素类等。

营养强化剂不仅能提高食品的营养质量，而且还可以提高食品的感官质量并改善其保藏性能。食品经强化处理后，食用较少种类或单纯食品即可获得全面营养，从而简化膳食处理。

营养强化剂可以任意加吗

不同工作性质的人群的食品自然不同，例如不能把白领的工作餐拿给航天员。某些特殊职业的人群的食品就应该受到特殊的处理。如军队和地质工作者所食用的压缩干燥的强化食品，不仅营养全面，体积小，质量轻，而且食用也方便。从国民经济的角度考虑，用强化剂来增加食品的营养价值比使用天然食物达到同样目的所花费的费用要少得多。如补充赖氨酸 1.6g 用猪肉约 300g 才能满足，其费用比单纯使用强化剂高十倍左右。

食品的营养强化，除应根据不同的人群选取适当的营养强化剂之外，还应根据食品种类的不同，采取不同的强化方法。通常有两种方法：

1.在食品原料中添加

比如说大米和面粉中的强化剂就是在加工之前添加进去的，这种方法相对较简单，但是却容易在后期的加工、储存过程中丢失，尤其是在淘米的时候极易损失。

2.在成品中添加

这种方法虽然能够解决上述的问题，但是并不是每种食物都适用。比如说罐头的杀菌一定要在装罐前进行，蛋糕的烘烤也要在原料中添加等等。

营养强化剂不是越多越好

营养强化的目的是让营养素达到均衡，补充我们日常所需的各种营养，但并不是越多越好，要知道任何事情都有量的限制。所以任意添加强化剂不但不能达到增加营养的目的，反而会适得其反，造成营养失调而有害健康。为保证强化食品的营养水平，避免强化不当而引起的不良影响，使用强化剂时首先要合理确定出各种营养素的使用量。

在食品加工过程中，并非每种产品都需要强化，强化剂的使用要有针对性，使用强化剂通常应注意以下几点：

1.强化用的营养素应是人们膳食中或大众食品中含量低于需要量的营养素；

2.应该是易被我们人类吸收和利用的；

3.在食品加工、贮存等过程中不易被分解破坏，且不影响食品的色、香、味等感官性状；

4.强化剂剂量适当，不致破坏肌体营养平衡，更不致因摄食过量而引起中毒；

5.最后一定要卫生安全，质量合格，经济合理。

营养强化剂并不是越多越好，要知道任何事情都有量的限制。

强化奶粉

无机盐——碳酸钙

食用级碳酸钙

说到碳酸钙，可能大家第一印象就是石灰石，一种矿物质怎么会出现在我们的食品中呢？其实，食用级碳酸钙已经广泛应用于现代生活补钙营养保健食品行业，是豆制品、奶制品、肉制品、面制品等行业的优质营养强化添加剂，目的是增加钙的营养成分，使之蓬松，口感更好。如口香糖、巧克力和乳饮料、巨能钙、果冻等食品中均含有强化剂，可以增加人体对钙的需求。

常见的市售钙剂包括碳酸钙、乳酸钙、葡萄糖酸钙、柠檬酸钙、醋酸钙等，商品宣传时也有活性钙、离子钙等不同名称。其中以碳酸钙含钙量最高，为40%，另外碳酸钙也因价格便宜，副作用相对少而作为食品添加剂和膳食钙补充剂被广泛应用。

生个宝宝需要多少钙

随着孕妈咪日益隆起的肚子、小宝贝渐渐长大的个头，你身体中的“钙”也悄无声息地在流失……这个孕期，你补钙了吗？孕妈咪，让我们一起来了解孕期补钙的各种知识吧！每个孕妇都需要补钙。因为胎儿骨骼形成所需要的钙完全来源于母体，准妈妈消耗的钙量要远远大于普通人，光靠日常饮食中补充钙是不够的。因此就要求在整个孕期及哺乳

期除了选择含钙质丰富的食物外，还应选择孕妇专用的补钙产品。如果孕期摄钙不足发生轻度缺钙时，可调动母体骨骼中的钙盐，以保持血钙的正常浓度。如果母体缺钙严重，可造成肌肉痉挛，引起小腿抽筋以及手足抽搐，还可导致孕妇骨质疏松，引起骨软化症。

菠菜不去草酸——影响钙摄入

大家都知道，菠菜含草酸多，豆腐含钙多，若是菠菜与豆腐一起烹调，就会产生人体不能吸收的草酸钙，影响人体钙的吸收。而菠菜是蔬菜中的佼佼者，不但含营养素多，且色泽鲜艳，所以不少人只得清炒菠菜或与其他荤素食品一起烹调。其实菠菜中的草酸是客观存在的，不论你采用什么烧法，如果你预先没把草酸去掉，照样会在吃菠菜时把草酸吃进人体内。草酸在消化道中也可能与其他食品中的钙结合而使钙不能被吸收。草酸也可能在消化吸收后进入血液系统，然后与血中的钙结合，浪费了已被人体吸收的钙。其实不必回避菠菜烧豆腐，正确的吃法是先将菠菜(包括含草酸多的竹笋、毛笋等)放在开水中烫1～2分钟，让草酸溶解在开水中，然后再将已除去草酸的菠菜捞起，随你烧什么，包括豆腐，都不会影响钙的吸收了。

植酸

大米和白面中所含的植酸，与消化道中的钙结合，产生不能为人体所吸收的植酸钙镁盐，也会大大降低人体对钙的吸收。因此，孕妈咪可先将大米用适量的温水浸泡一会儿，这样米中的植酸酶将大部分植酸分解。而发酵后的面食分泌出的植酸酶也能将面粉中的植酸水解，避免了影响身体对钙的吸收。

磷酸

碳酸饮料、可乐、咖啡、汉堡包等含有较多磷酸。在正常情况下，人体内的钙和磷的比例是 2∶1，然而，如果孕妈咪过多地摄入碳酸饮料、可乐、咖啡、汉堡包、比萨饼、动物肝脏、炸薯条等大量含磷的食物，使钙和磷的比例达 1∶10，甚至更高，这样，过多的磷就会把体内的钙“赶”出体外。

脂肪酸

油脂类食物。脂肪分解的脂肪酸(尤其是饱和脂肪酸)在胃肠道可与钙形成难溶物，使钙的吸收率降低。因此，孕妈咪要合理安排好膳食，不要吃过于油腻的东西。

钙，不能乱补

1.钙，能不能自己补？

孕妇如果了解正确的补钙常识，可以自己在药店购买正规厂家的补钙药品或保健品。不一定需要医生的处方，但一定要注意用量和钙的选择。一般来说，现在市场上的碳酸钙产品吸收力还是不错的，但也要看制药过程中钙分子微粒的大小。一般微粒小的容易吸收。

2.钙补多了有没有危害

补钙的同时如果没有足够的维生素D，钙是无法被人体吸收的，因为维生素D可能通过促进钙的吸收而调节多种生理功能。而90%的维生素D是经日光照射后皮肤生成的，所以勤晒太阳可有一定的必要了。可是如果不注意，服用过多的维生素 D，也会造成中毒。钙补多了，容易造成高钙血症，甚至导致肾结石。

3. AD 钙奶真的能补钙吗

AD 钙奶是时下儿童喜欢的一种饮品，它的主要作用是解渴，同时也可以辅助性地给儿童补充一些营养。不过专家指出，家长如果把喝钙奶当成儿童补充营养的一种主要手段却是不科学的。

AD 钙奶是以鲜乳或乳制品为原料，加水、糖浆、酸味剂、钙和维生素 A 等调制而成的。家长们期望 AD 钙奶能够给孩子必要的营养补充，但抽查结果表明：目前全国 100 多家生产 AD 钙奶的厂家，除几家管理水平较高、生产工艺比较成熟的企业以外，大多数企业生产的 AD 钙奶的营养物质含量均达不到国家规定的标准。抽取的钙奶饮料合格率也不理想，蛋白质、维生素 A 和钙的含量极少。专家指出：即使符合标准的钙奶饮料，蛋白质含量也只有同等容量牛奶的三分之一。当前家长对孩子营养吸收渠道的认识存在误区，饮料中的钙和维生素等物质只能起到辅助补充营养的作用。补充儿童生理所需的营养成分是一门综合的科学，应该有主次之分，合理的营养膳食搭配必不可少。

先补锌后补钙才更科学

日常生活中家长非常注重对孩子锌和钙的补充，如果这两样一起补的话，怎样吃才能更科学，效果更好呢？

我们知道，孩子生长发育的实质是细胞快速分裂、生长的过程。在此过程中，含锌酶起着重要的催化作用,同时锌还广泛参与核酸、蛋白质以及人体内生长激素的合成与分泌,是身体发育的动力所在。先给孩子补锌,能促进骨骼细胞的分裂、生长和再生，为钙的利用打下良好的基础，还能加速调节钙质吸收的碱性磷酸酶的合成，更有利于钙的吸收和沉积。因此,先给孩子补锌,能达到事半功倍的补钙目的。如果孩子缺锌,不仅无法长高,补充的钙也容易流失。

锌有"生命之花"、"智力之源"的美誉,对促进孩子大脑及智力发育、增强免疫力、改善味觉和食欲至关重要。所以营养专家提出:补钙之前补足锌,孩子更健康、更聪明。

维生素——维生素C

维生素C别名抗坏血酸、维生素丙、丙种维生素。它是大家所熟悉的，白色或带淡黄色、易溶于水、有酸味的晶体。维生素C除了可以作为营养强化剂使用外，还有抗氧化的作用。本身极易被氧化，从而使食品中的氧首先与其反应，避免了食品本身的氧化。因此维生素C也常作为啤酒、清凉饮料、果汁等的抗氧化剂，大家可以留意我们常喝的橙汁、芬达等饮料标签上的成分即知。

维生素C作为营养强化剂使用时，主要起防止坏血病、龋齿、牙龈脓肿、贫血、生长发育停滞等病症，还有助于防止感冒和其他疾病，具有保持和增进健康的功效。很多人常认为维生素吃得越多越好，其实不是，食用过多的维生素C也会引起恶心、头痛、失眠等症状。

我国维生素C主要应用于果汁饮料，用量为0.5g/kg~1g/kg；用于果泥，含量为1g/kg~2g/kg；用于固体饮料，用量3g/kg~5g/kg。

维生素C和维生素E都是重要的抗氧化剂，可以预防黑色素的形成，美白肌肤。维生素E参与体内代谢反应，增强皮肤毛细血管抵抗力并维持正常的通透性。两者协同作用，可以提高人体免疫力、延缓衰老，并促进钙、铁的吸收。

让你惊讶的饮食误区，到底谁是维C王

一般都认为番茄是蔬菜中的维生素C含量丰富的佼佼者，其实，土豆中所含的维生素C比番茄还多！不仅土豆，甘薯、芋头、山药等薯类食品都含有不少维生素C。辣椒是我国各地人民都非常喜爱的调味品和蔬菜，它在我国东南沿海被叫做番椒，在四川等地则被称做辣子、辣茄、辣虎。新鲜的辣椒含有丰富的维生素C，每百克辣椒维生素C含量高达近200mg，居蔬菜之首。而用于调味的干辣椒含有丰富的维生素A。不过，辣椒酸度较低，维生素C在烹调当中的损失比较大。尽管土豆的维生素C含量只有辣椒的三分之一，但由于淀粉对维生素C具有强大的保护作用，所以土豆在蒸煮过程中的维生素C损失很小。

补维生素C豆芽同样有效

一说到维生素C，很多人马上会联想到绿叶蔬菜、鲜枣、沙棘、柠檬、猕猴桃等新鲜的蔬菜和水果。然而，您有没有想到豆芽。也许这是件很不可思议的事情，一粒豆子，无意间落入水中，不需要从外界补充任何的养料，就能长出一棵生机勃勃的小植物，所以豆芽的营养非同一般。据说第二次世界大战期间，美国海军因无意中吃了受潮发芽的绿豆，竟然治愈了困扰全军的坏血病，这就是因为豆芽中含有丰富的维生素 C 的缘故。但是有人在吃时只吃上面的芽而将豆瓣丢掉。事实上，豆瓣中维生素C的含量比芽的部分多2~3倍。再就是做蔬菜饺子馅时把菜汁挤掉，维生素会损失70%以上。正确的方法是，切好菜后用油拌好，再加盐和调料，这样油包菜，馅就不会出汤。

番石榴含维C比柑橘多

如果问到补充维生素C吃什么水果好，10个人里至少有8个都会回答柑橘或橙子。其实，还有一种水果维C含量比它们要高得多，那就是番石榴。提到番石榴，可能很多人会感到有些陌生，它可不是红彤彤犹如灯笼的石榴，而是一种表皮为绿色，有点儿像青梨的热带水果。

番石榴营养非常丰富，可增加食欲、促进儿童生长发育，它含有蛋白质、脂肪、多种维生素、钙、铁、磷等营养元素，尤其是维生素C含量，比柑橘多8倍，比香蕉、木瓜、番茄、西瓜、菠萝等多出更多倍。

一个柚子的战役：对抗牙龈出血

牙龈红肿疼痛，说明你摄入的维生素C含量不足，某营养学教授认为，一旦你没有摄入足够的身体所需的维生素C，身体内的胶原蛋白就会变得衰弱下来，而衰弱过程的体现正是从牙龈开始。一个柚子会提供你每日所需所有的维生素C。

维生素C摄入不足会损害新生儿智力

和豚鼠一样，人类也是通过饮食获得维生素C，因此研究者猜测，孕妇和哺乳期妇女缺乏维生素C可能会引起胎儿和新生儿发育不良。大脑神经元中的维生素C浓度最高，如果维生素C摄入不足，剩下的维生素就会滞留在大脑中，保护这个器官。巴西和墨西哥进行的群体研究表明，30%~40%的孕妇摄入维生素C含量少，她们的胎儿和新生儿中也存在维生素C缺乏的情况。

烹饪方法与维生素C

维生素C、B_1都怕热、怕煮，据测定，大火快炒的菜，维生素C损失仅为

17%,若炒后再焖,菜里的维生素 C 将损失 59%。所以炒菜要用旺火,这样炒出来的菜,不仅色美味好,而且菜里的营养损失也少。烧菜时加少许醋,也有利于维生素的保存。还有些蔬菜如黄瓜、西红柿等,最好凉拌吃。

烧好的菜不马上吃

有人为节省时间,喜欢提前把菜烧好,然后在锅里温着等人来齐再吃或下顿热着吃。其实蔬菜中的维生素 B_1,在烧好后温热的过程中,可损失 25%。烧好的白菜若温热 15 分钟可损失维生素 C20%,保温 30 分钟会再损失 10%,若长达 1 小时,就会再损失 20%。假若青菜中的维生素 C 在烹调过程中损失 20%,溶解在菜汤中损失 25%,如果再在火上温热 15 分钟会再损失 20%,共计 65%。那么我们从青菜中得到的维生素 C 就所剩不多了。

吃菜不喝汤

许多人爱吃青菜却不爱喝菜汤，事实上，烧菜时，大部分维生素都是溶解在菜汤里的。以维生素 C 为例，小白菜炒好后，维生素 C 会有 70%溶解在菜汤里，新鲜的豌豆放在水里煮沸 3 分钟，维生素 C 有 50%溶在汤里。

维生素C饮料多喝无益

市场上的饮料中很多都含有维生素 C，维生素 C 的益处自不必说，每天人体需 60mg~100mg。很多含维生素 C 的饮料会在瓶体标有 3mg/100ml~30mg/100ml、25mg/100ml~50mg/100ml 等字样，也就是说，饮用此类饮料一瓶获得的维生素 C 就能基本满足人体每天的需要量。

那么，如果你饮用两三瓶，甚至更多呢？会不会发生维生素 C 中毒的情况呢？好在维生素 C 的安全范围广，但是千万不要以为它是多多益善的，过量摄入能引起泌尿系统结石，渗透性腹泻以及大剂量维生素 C 依赖症。

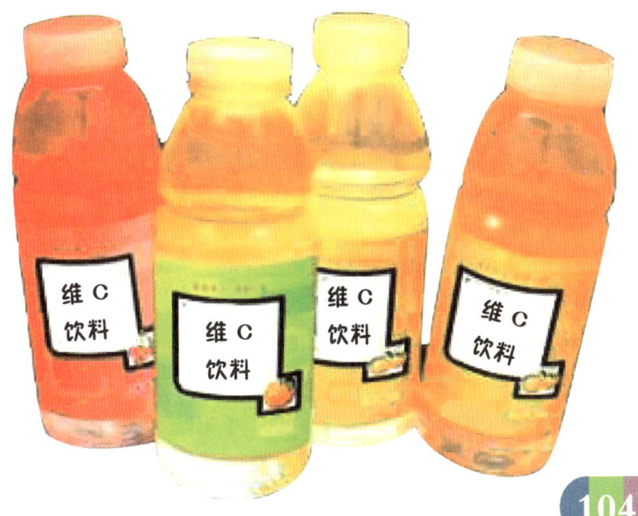

氨基酸——牛磺酸

牛磺酸又称 α-氨基乙磺酸，最初是从雄牛的胆汁中发现的，即由牛黄中分离出来，因此而得名，是一种非蛋白氨基酸。

牛磺酸具有多种生理功能,是人体健康必不可少的一种营养素。我国牛磺酸主要用于医药,作为食品营养添加剂虽然逐步被国人所认识并接受,但国人消费牛磺酸的量还非常少。牛磺酸作为一种保健品还是比较安全的,服用一些用于保健的含牛磺酸的制品还是很可取的。

牛磺酸广泛存在于动物体内，也是人体内一种具有特殊生理功能的氨基酸,它能维护人体大脑正常的生理功能,促进婴幼儿的正常生长发育。

牛磺酸几乎存在于所有的生物之中,哺乳动物的主要脏器,如:心脏、脑、肝脏中含量较高。含量最丰富的是海鱼、贝类,如墨鱼、章鱼、虾,贝类的牡蛎、海螺、蛤蜊等。鱼类中的青花鱼、竹荚鱼、沙丁鱼等牛磺酸含量也很丰富。在日本,有用鱼贝类酿制成的"鱼酱油",富含牛磺酸。由于天然牛磺酸较分散、量少,远不能满足人们的需要。像牛胆汁虽然含有很高的牛磺酸,但人们是不会食用的。工业获取牛磺酸有两种途径。

1.从天然品中提取

将牛的胆汁水解或将乌贼、章鱼等鱼贝类和哺乳动物的肉或内脏提取后,再浓缩精制而成。也可用水产品加工中的废物(内脏、血和肉,与新鲜度无关）经一系列的物理化学方法处理后，洗涤液中的萃出物可达 66%～67%,再经酒精处理后结晶而得。

2.化工合成

由于牛磺酸在天然生物中较分散、量少,从天然生物品中提取的量也很有限。所以人们获取牛磺酸主要还是靠化工合成。

牛奶中的牛磺酸

牛磺酸作为营养强化剂加入到牛奶和奶粉中，可使牛奶和奶粉母乳化，还可以加入到饮料和豆制品等食品中。我们经常可以在婴幼儿奶粉的包装上看到牛磺酸的身影，因为它可以促进婴幼儿脑组织和智力发育。牛磺酸在脑内的含量丰富、分布广泛，能明显促进神经系统的生长发育和细胞增殖、分化，且呈剂量依赖性，在脑神经细胞发育过程中起重要作用。研究表明：早产儿脑中的牛磺酸含量明显低于足月儿，这是因为早产儿体内的半胱氨酸亚磺酸脱氢酶尚未发育成熟，合成牛磺酸不足以满足肌体的需要，需由母乳补充。母乳中的牛磺酸含量较高，尤其初乳中含量更高。如果补充不足，将会使幼儿生长发育缓慢、智力发育迟缓。牛磺酸与胎儿、幼儿的中枢神经及视网膜等的发育有密切的关系。不过长期单纯牛奶喂养，也易造成牛磺酸的缺乏。

牛磺酸是药品吗?

牛磺酸在中国药典里命名为 α－氨基乙磺酸。它是一种对人体非常有益的功能性营养物质。生理功能主要有:促进婴幼儿脑组织和智力发育;提高神经传导和视觉机能;防止心血管疾病;增加脂质和胆固醇的溶解性,抑制胆固醇结石的形成;改善内分泌,增强人体免疫力;还具有一定的降血糖作用和改善记忆的功能等。另外,牛磺酸还是解热镇痛药的非处方药类,用于缓解感冒初期的发热。

牛磺酸在各国的使用比例

在食品添加剂的类别中，牛磺酸作为营养强化剂在国外被使用于许多食品中,2007 年美国年超过 12 000 吨、日本年消费近 5 000 吨。我国牛磺酸产量不低,年产量约为 3 000 吨,但是其中大部分用于出口,药用和食品添加剂方面只占有极少的一部分。真正在食品中使用不多,每年只有 150 吨左右,而且大多数用在保健食品中。

猫眼睛有神的奥秘

喜欢动物的人都知道，猫的眼睛总是那么炯炯有神。其实，这和猫的食物有着很大的关系。众所周知，猫最爱吃的食物就是鱼和老鼠。专家研究表明，动物体中都含有牛磺酸，其中鱼贝类的含量最为丰富。同时，老鼠体内也含有大量的牛磺酸。另外，即使是超市出售的猫粮，其中也添加了大量牛磺酸。通过日常的食物，猫补充了大量的牛磺酸，而牛磺酸对猫眼视网膜中的感光细胞有促进作用，所以猫的眼睛总是那么炯炯有神。在另外一项实验中，用不含牛磺酸的猫粮喂养小猫，小猫的视网膜就出现了病变，甚至完全失明。

不仅是猫科动物，人类的眼睛视网膜中也存在大量牛磺酸，因此补充牛磺酸对于人的眼睛也至关重要。

牛磺酸除了能让眼睛更加明亮之外，还对其他器官有重要功效。例如，经过研究证实，人体心脏中牛磺酸含量最高。牛磺酸通过保护心肌而增强心脏功能。当心肌细胞中钙离子

流入量过高时，就会引发冠心病。牛磺酸可以调整心肌细胞中钙离子的量，维持其平衡。牛磺酸与心脏的关系已成为全世界重点研究的课题之一。此外，牛磺酸对肺、肝脏、胃肠等都有保护作用。

在日常生活中，牛磺酸最显著的作用就在于增强免疫力和抗疲劳。牛磺酸可以结合白细胞中的次氯酸生成无毒性物质，降低次氯酸对白细胞的破坏，从而提高人体免疫力。同时，牛磺酸能维持心脏功能，使血液循环正常化，从而消除疲劳生成物，使肌体能有效地产生能量。体内保持恒定的牛磺酸，便能有效地消除疲劳，这是维持人体健康的重要因素。

乳化剂

奇妙的水、油相混

食品乳化剂添加于食品中后可显著降低油、水两种界面之间的张力，使原本水火不容的油和水形成一种乳浊液。它能稳定食品的物理状态，改进食品结构，简化和控制食品加工过程，改善风味、口感、提高食品质量，延长货架期等等。简单地说，主要是起蓬松、定型不塌架的作用，如果面包里没有乳化剂，那么你看见的面包就会像老奶奶的脸一样，相当不漂亮。乳化剂从来源上可分为天然和人工合成两大类。

食品一般都由碳水化合物、蛋白质、脂肪和水组成，为保持结构稳定，食品乳化剂广泛应用于面包、糕点、饼干、冰激凌、蛋黄酱、乳制品、饮料、人造奶油、罐头、豆制品、肉制品等。

食用乳化剂除具有乳化作用外还有很多其他功能，比如说，可以在糖的晶体外形成一层保护膜，防止空气及水分侵入，提高制品的防潮性；涂抹在水果外面，使水果保持新鲜等等。

成分及品种

食品乳化剂需求量最大的为脂肪酸单甘油脂，其次是蔗糖酯、山梨糖醇脂、大豆磷脂、月桂酸单甘油酯、丙二醇脂肪酸酯等。

大豆磷脂是天然产物，它不仅具有极强的乳化作用，且兼有一定的营养价值和医药功能，是值得重视和发展的乳化剂，但在磷脂的提纯、以及化学改性方面尚需加强研究。我国所用即为改性大豆磷脂。

月桂酸单甘油酯是婴儿的好伙伴，它存在于母乳中，在婴儿自身的免疫系统发育完全之前对婴儿的健康起着保护作用。

大豆磷脂

磷脂是一种生物活性物质，它具有独特的营养价值。因此，磷脂在世界范围内的食品、保健品、医药以及饲料行业也越来越多地被广泛使用。

大豆磷脂是唯一的天然乳化剂，它是一种混合磷脂，由卵磷脂、脑磷脂、肌醇磷脂等成分组成。大豆磷脂制品被各国列为安全的多用途天然食品添加剂。除有乳化作用外，还具有生化功能，可增加磷酸胆碱、胆胺、肌醇和有机磷，以补充人体营养的需要，因而广泛用于糖果、饼干、巧克力和人造奶油等食品中。目前大豆磷脂的最大加工业生产来源是大豆油生产过程中的副产品，其次来源于新鲜动物脑。由于大豆是世界性的经济作物，产量很高，已形成规模生产，所以大豆磷脂最具有经济和商品价值。而在大规模生产前，大豆磷脂主要来源是蛋黄。

糖和奶油混合的好帮手

如今,大豆磷脂已经是家喻户晓的保健食品了,它在降脂、护肝和提高大脑功能等方面都有很好的保健应用。那么它在食品添加剂方面又有怎样的应用呢？大豆磷脂的分子结构比较特殊，它既可以和水结合又可以和油脂结合。在我们制作糖果时,糖和奶油的混合通常会非常困难,即使已经混合得很均匀了,在冷却以后,糖又会和奶油分开。如果加入一定量的大豆磷脂作为乳化剂，就可以使糖和奶油很好地混合,即使在糖果冷却以后,也不会再发生分离的现象了。巧克力的生产也同样存在类似的问题，可可脂通常很难溶解，它既不溶于水又不溶于油，很难均匀地分布在巧克力中。大豆磷脂的乳化性可以很好地解决这一问题。一般加入0.5%左右的磷脂，就可以使可可脂完全溶解在糖中了。

快点儿混合吧！
大豆磷脂
奶油
糖

大豆磷脂的众多应用

面条的口感很重要，大豆磷脂能改善面条的口感。通常大豆磷脂能和面条中的淀粉形成一种复合物质，这样便能防止面条过早老化。同时又增加了面条的柔韧性，在水中不易被煮断，减少了浑汤现象。

在冰激凌的生产中加入适量的大豆磷脂，可以增加冰激凌的光滑性和色泽，同时还可以防止在制作的过程中出现起沙等现象，加入大豆磷脂还能减少鸡蛋的使用量，并且使奶油更稳定、更长时间的保存。

速溶奶粉是一种大颗粒的、特别容易被水溶解的奶粉，冲调能力明显优于普通的奶粉。在奶粉的制作中加入一定的大豆卵磷脂可以使奶粉本身的溶解能力得到显著的提高，其分散度也大幅度地提高了，在常温的水中即可冲调。

在我们烤糕点和面包的时候，食品与托盘或容器之间的粘连是一个令我们头疼的问题。而添加一些大豆磷脂可以防止这种现象的发生。

大豆磷脂还有很好的抗氧化性，在人造奶油的制作中加入大豆磷脂能防止奶油酸败并延长保存期，加入大豆磷脂的糕点和面包能保持自身的色泽和柔软性不变，而且增大了气孔使其变得更加松软。

大豆磷脂的营养价值有哪些？

随着现代人生活节奏的加快，磷脂营养大量流失，因此补充磷脂对现代人而言是绝对必要的。鉴于大豆磷脂类保健品是一种功能性的健康食品，虽然不是立即见效，但有着全面、长远、稳定的效果，同时又没有药物的副作用，医学家们也开始重视卵磷脂在预防疾病发生方面的积极作用。大豆卵磷脂被誉为与蛋白质、维生素并列的“第三营养素”。

然而，真正了解大豆卵磷脂的人却很少，卵磷脂在我国也只是少数人享用的“贵族食品”。而在发达国家，卵磷脂已成为很普及的营养食品了。据说，美国人现在连煮饭也用上了卵磷脂，煮出的米饭颗粒饱满、晶莹剔透，香味四溢。那么，卵磷脂都有哪些保健功能呢？

简单地说，大豆卵磷脂可以作为肝脏的保护神、糖尿病患者的营养品、血管的“清道夫”、胎儿神经发育的必需品，同时还可以预防老年痴呆的发生，有效地化解胆结石，改善因神经紧张而引起的急躁、易怒、失眠等症状。

因此，将大豆磷脂加入到各种食品中，制作成各种营养面、蛋糕、营养奶、果冻、营养糖，甚至制作添加大豆磷脂的营养肉制品等都有很好的开发潜力。在保健意识日益提高的今天，营养食品产业将迎来一个新的春天。

“食”面埋伏

穿着“马夹”的蛋白质
——三聚氰胺

中国奶制品污染事件，也称“2008 年中国奶粉污染事件”、“2008 年中国毒奶制品事件”、“2008 年中国毒奶粉事件”，是一起严重的中国食品污染事件。事件起因是很多食用三鹿集团生产的婴幼儿奶粉的婴儿被发现患有肾结石，随后在其奶粉中发现化工原料三聚氰胺。那么奶粉中为什么会出现化工原料呢?

三聚氰胺的作用

奶粉有毒是因为其中含三聚氰胺,可能是在奶粉中直接加入的,也可能是在原料奶中加入的。

牛奶和奶粉添加三聚氰胺,主要是因为它能冒充蛋白质。食品都是要按规定检测蛋白质含量的。要是蛋白质不够多,说明牛奶兑水兑得太多,说明奶粉中有太多别的东西。但是,蛋白质太不容易检测,生化学家们就想了另外一个办法:因为蛋白质是含氮的,所以只要测出食品中的含氮量,就可以推算出其中的蛋白质含量。因此添加过三聚氰胺的奶粉就很难检测出其蛋白质不合格了,这就是三聚氰胺的真实作用。

人体对三聚氰胺耐受标准

三聚氰胺是一种低毒的化工原料。动物实验结果表明,其在动物体内代谢很快且不会存留,主要影响泌尿系统。三聚氰胺剂量和临床疾

病之间存在明显的量效关系。三聚氰胺在婴儿体内最大耐受量为每千克奶粉 15 毫克。专家对受污染的婴幼儿配方奶粉进行的风险评估显示，以体重 7kg 的婴儿为例，假设每日摄入奶粉 150g，其安全预值即最大耐受量为 15mg/kg 奶粉。

食用含三聚氰胺饲料喂养的家禽对人体有危害吗？

目前很多饲料公司在家禽、家畜的饲料中添加三聚氰胺，以提高产品的售价，但也意味着人类所吃肉类可能会因此而含有三聚氰胺。对于人类食用含有三聚氰胺的饲料

喂养长大的家禽、家畜是否会有危害，目前没有定论，专家从调查结果看，人们食用此类家禽、家畜暂时还没有发现什么危害。

生活中如何避免三聚氰胺污染

生活中三聚氰胺的污染，主要来源都是食物，故应选用安全的蛋白质食品。此外一般的容器，如果没有标注可以使用微波炉加热，则避免用微波炉加热。一般采用三聚氰胺制造的食具都会标明“不可放进微波炉使用”，三聚氰胺甲醛树脂虽然相对安全，但是在高温下也会分解出有毒的氰化物。

“鸡蛋门”

平常我们对“横挑鼻子、竖挑眼”的人，就会说他是“鸡蛋里面挑骨头”。从鸡蛋里挑出骨头来是不可能的事儿，可现如今在这鸡蛋里就真的出问题了。

一向受消费者青睐并愿意付高价去买的“红心”鸡蛋，在一些地方已经变了“心”，这让人们对食品安全又多了一分警惕。蛋黄特别红的“柴鸡蛋”，也就是土鸡蛋，其实不是农家散养的土鸡所下，下这种蛋的鸡也不是只吃粮食和蔬菜，而是在鸡的饲料中添加了超量丽素红或苏丹红。

那么红心蛋和普通蛋在营养学中的价值到底有哪些差别呢？正常的红心蛋与普通蛋的营养价值没有区别，只是正常的红心蛋胡萝卜素、维生素 B_2、核酸、叶酸比较多，而蛋白质、脂肪、卵磷脂含量都是基本一样的。很多人认为红心蛋的营养价值特别高，这种观点是错误的。

丽素红让普通鸡蛋摇身变成土鸡蛋

人们有一种错觉，柴鸡蛋营养价值要高于普通鸡蛋。市场上，柴鸡蛋的价格也远高于普通鸡蛋。人们还有一种错觉，认为柴鸡蛋都是红心的。于是，“聪明”的不法商贩们开始琢磨如何让普通鸡蛋变成“红心的柴鸡蛋”。他们还真找到了办法——在饲料里添加工业色素丽素红。

不用敲碎鸡蛋，就能让鸡蛋黄变色，这恐怕算是一项大“发明”了。

丽素红是什么？它是一种人工合成的类胡萝卜的色素，它可以作为饲料添加剂，但是有严格的限量。虽然目前科学证据还没有证明这类添加色素，特别是人工合成的色素类物质对人体有很大的伤害，但是为了预防或者说缓解预期可能出现的不良影响，国际社会普遍都对饲料添加剂、食品添加剂当中的色素类物质有非常明确的限量，但是在利益的驱使下，一些黑心的生产经营者却完全无视这些标准。

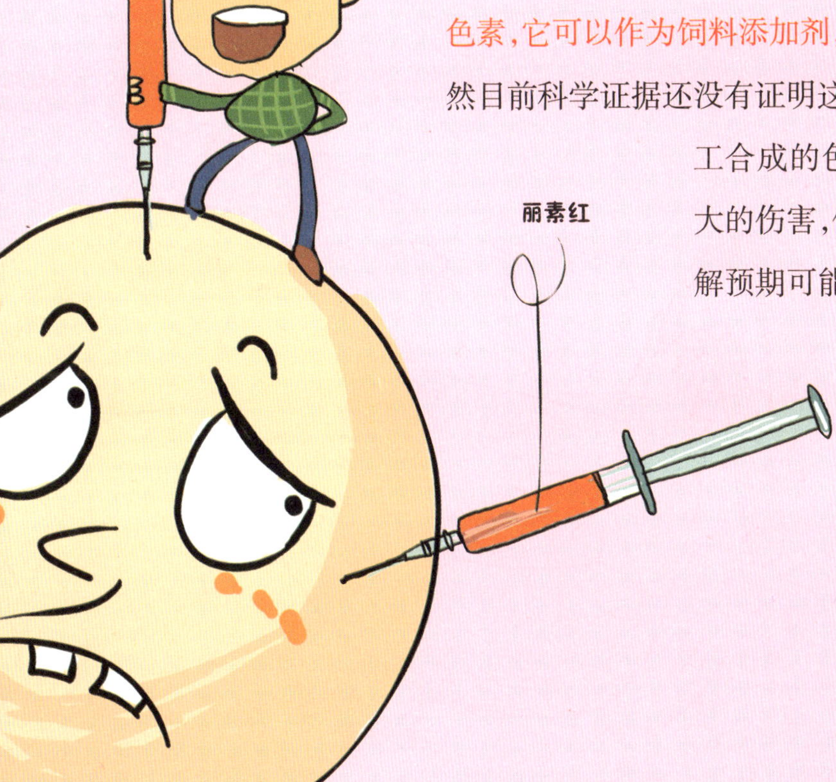

苏丹红催红鸡蛋

为了让鸡蛋蛋心色泽更深更红，一些不法养鸡户在饲料中添加含苏丹红的“红粉”，让有毒鸡蛋流向市场。

如果说丽素红的危害还没有科学证据，那么苏丹红的危害是有据可查的。值得注意的是，这些苏丹红鸡蛋不仅仅是在地下市场上偷偷摸摸地交易，还堂而皇之地摆在大超市中。令人欣慰的是，虽然某些超市、商场也发现了“涉红鸡蛋”，不过，由于正规经营场所对食品的监控相对较严，“涉红鸡蛋”在正规商场很容易被查出，因此多数毒鸡蛋还是在不规范的场所交易的。这些不规范交易者可能是菜市场里一些不法小摊贩，部分提着篮子在路边叫卖“土鸡蛋”的人，还有一些糕点商——因为用“红心蛋”做糕点颜色好看，更有卖相。

蛋黄为红色肯定有问题

到底什么样的鸡蛋才是真正有问题的鸡蛋呢？鸡蛋的蛋黄一般都是黄色，而所谓的“红心鸡蛋”，其蛋黄却完全呈红色，这都是鸡饲料中含有苏丹红所致。而那种蛋黄呈金黄色的鸡蛋，虽然也被叫做“红心鸡蛋”，却是没有问题的。

从毒大米引发来的“毒品”大汇演

所谓的毒大米，其实就是经过检测不能食用的发霉或农药超标的大米，只能用于工业用途——这些米被称为“问题米”。确切地说也就是指用陈米反复研磨后，掺进工业原料白蜡油混合而成，其色泽透明，卖相好。食用后会引起全身乏力、恶心、头晕、头疼等症状。

不忘历史

早在公元前1世纪就有因食用霉变的谷物引起某些疾病，导致孕妇流产、畸胎的记载。霉变的饲料同样可使家畜的生长减缓，出现畸胎或死亡。20世纪60年代，英国一家农场10万只火鸡食用霉变的花生粉后，相继在几个月内全部死亡，研究人员发现有些霉菌毒素不仅具有很强的毒性，而且也是重要的致癌物质。

识别毒大米

霉变大米色泽发黄、表面粗糙、易碎，霉变严重的呈褐黑色，并且有异味。这些大米虽然经去皮、漂白、抛光、添加矿物油等处理，但米粒细碎、有油腻感，仍有轻微的霉味。

辨别毒大米其实很简单，就是要一看、二摸、三嗅：从感观上看大米成色如何，用手摸大米是否有油腻感，闻一下有无大米的自然香味。不过最简便的方法是，把少许米放进水里，漂油花的就是“毒”大米。

毒大米事件反思

致癌大米事件的发生,很多人都认为,食品尤其是大米制品市场确实到了一个急需整顿的时刻。食品安全是消费安全的底线,但目前各类劣质食品充斥市场,已给群众健康带来了很大威胁。虽说"魔高一尺,道高一丈",但面对诡计多端、技术高超的造假者,面对花样繁多、几乎可以以假乱真的造假商品,广大消费者总是显得那么弱小而无助,似乎永远也跟不上造假者的步伐。但愿造假者们能够多一份良知、少一份贪欲,希望我们的执法部门的打击力度能够更大一些,让我们的百姓不要在吃饭时还总是惶恐不安!

毒油条

毒油条是指在原料中违规加入大量有毒化工原料, 生产出来的有害物质超标的油条,比如滥用明矾等。毒油条在生产过程中除了存在明矾滥用情况外,还存在劣质油反复使用、生产环境卫生恶劣等情况,甚至还有一些无良小贩在炸油条用的面团中加入洗衣粉,据说这样炸出的油条个大、光鲜、漂亮、好卖。

“黑色妖姬”毒瓜子

某市曾有一个卖瓜子的小作坊，这家作坊的瓜子油光闪亮，黑得能照出人影，他们便美其名曰“黑色妖姬”。“黑色妖姬”诱惑了不少食客，可也把不少毒素带进了食客的身体。

炒瓜子的头道工序是煮瓜子，煮瓜子时加入明矾能起到吸水作用，使瓜子不容易受潮变软，保持好的口感。虽然国家规定食品添加剂不能使用明矾，可那些不法商贩根本不管这些，放明矾时随手一把一把地扔进锅里。直到某位商贩的儿子一天天变得痴呆起来，才明白明矾会在人体内沉积，轻的会引起身体虚弱、抑郁、焦躁，严重的会造成肾功能衰竭、尿毒症等。在脑内沉积过多，则会造成痴呆或帕金森症。

煮好的瓜子进入第二道程序，要在滚筒里炒。他们又将成袋的工业盐放入滚筒里。之所以用工业盐，最大的原因在于每吨工业盐只需200多元钱，而每吨食用盐却要2 000元钱。炒瓜子的第三道工序是给瓜子抛光。他们给瓜子中添加滑石粉。给瓜子抛光的同时，他们还要给瓜子中再加入柠檬酸、泔水油、调料和色素。色素基本上都用黑的，一小桶一小桶地倒，给瓜子上色。这样，几道工序下来，"黑色妖姬"就锻造成了。

有毒瓜子辨认有窍门

"黑色妖姬"害人这么不知不觉，那么如何辨别好瓜子和害人瓜子呢？

优质瓜子粒片或子粒较大，均匀整齐，无瘪粒，干燥洁净，劣质瓜子粒片或子粒大小不均匀，有少数瘪粒，质地潮软，有少数虫蛀现象。劣质瓜子有严重的霉变或虫蛀，有异味。散装瓜子的不合格项目主要集中在细菌总数、过氧化值、糖精钠等指标超过国家有关规定。购买散装瓜子，要看是否发霉、变质，有无生产日期和保质期，尽量不要选择太亮的，特别是瓜子表面好像上了一层蜡的就更要谨慎食用。专家提醒消费者，部分散装瓜子达不到卫生标准，长期食用，会直接影响消费者的身体健康。买瓜子应尽量选择正规大商场，购买密封包装的产品。

认识毒方便面

毒方便面就是指采用劣质工艺及原料加工制作出来的有毒方便面。被称作毒方便面主要是由于在加工过程中使用了劣质油,或者长久不更新换油,从而使油中积累下来的毒素大量进入食品当中或者采用发霉变质的面粉及蔬菜干、肉类加工而成的面团和调料包。另外还包括使用有毒材料制成的包装盒,其毒素在加热后也极易进入人体。

我的早餐你的午餐，总有一餐遭遇地沟油

三鹿奶粉、红心鸡蛋、毒大米等食品安全事件之后，一直潜伏在我们身边的地沟油也再次浮出水面。不知道从什么时候起，城市的下水道成了一些人发财致富的地方。他们每天从那里捞取大量暗淡混浊、略呈红色的膏状物，仅仅经过一夜的过滤、加热、沉淀、分离，就能让这些散发着恶臭的垃圾油变身为清亮的“食用油”，最终通过低价销售，重返人们的餐桌。

想想看，早晨你从路边小摊上买的油条，中午从门店里买的煎鱼、炸肉，竟然有可能与臭哄哄的地沟联系起来，你还有胃口吃下去吗？再进一步说，这不仅是一个食欲的问题，而是一个“要命”的问题。

地沟油摇身变成食用油，它到底是哪来的呢？地沟油实际上是一个泛指的概念，是人们在生活中对于各类劣质油的统称。地沟油可分为三类：

一是狭义的地沟油，即将下水道中的油腻漂浮物或者将宾馆、酒楼的剩饭、剩菜（通称泔水）经过简单加工、提炼出的油；

二是劣质猪肉、猪内脏、猪皮加工以及提炼后产出的油；

三是用于油炸食品的油使用次数超过规定后，再被重复使用或往其中添加一些新油后重新使用的油。

地沟油的五大流向

1.酒楼→收集者→酒楼、餐馆(低价购买)→顾客餐桌

2.生产矿山选矿捕收剂(新技术)

3.养殖场(牲畜的饲料)

4.化工厂(生产化工产品)

5.工厂和学校食堂

地沟油对人体的危害

肛肠专家解释,地沟油确实是人们健康的大敌,尤其是对人们的肠胃健康,有着不可估量的破坏力。

1.地沟油会导致消化不良:在炼制地沟油的过程中,动植物油经污染后发生酸败、氧化和分解等一系列化学变化,产生对人体有重毒性的物质。砷,就是其中的一种,人一旦食用含砷量较高的地沟油后,会引起消化不良、头痛、头晕、失眠、乏力、肝脏不适等症状。

2.地沟油会导致腹泻:地沟油的制作过程注定了它的不卫生,其中含有的大量细菌、真菌等有害微生物一旦到达人的肠道,轻则会引发人们腹泻,重则会引起人们恶心、呕吐等一系列肠胃疾病。

3.地沟油会引发强烈腹痛:地沟油中混有大量污水、垃圾和洗涤剂,经过地下作坊的露天提炼,根本无法除去细菌和有害化学成分。

所有的地沟油含铅量都严重超标，是个不争的事实，而食用了含铅量超标的地沟油做成的食品，则会引起剧烈腹绞痛、贫血、中毒性肝病等疾病。

4.地沟油可导致胃癌、肠癌：令人作呕的炼制过程，是地沟油毒素滋生的原因。地沟油是对从酒店、餐馆收来潲水(泔水、残菜剩饭等)和地沟油进行加工提炼，去除臭味而流到食用油市场的成品油。潲水油中含有黄曲霉素、苯并芘，这两种毒素都是致癌物质，可以导致胃癌、肠癌、肾癌及乳腺、卵巢、小肠等部位癌肿。

肛肠专家提醒广大的消费者，一旦在饭店、大排档或是小摊贩处进食后出现了腹痛、恶心、呕吐等症状，一定要在第一时间到医院进行救治，以免对您的身体造成更大的伤害。

地沟油的鉴别

地沟油一旦流入市场，消费者要学会感官鉴别。根据经验，地沟油一般通过看、闻、尝、听、问五个方面即可鉴别。

一看：看透明度，优质的植物油呈透明状，地沟油在生产过程中由于混入了碱脂、蜡质等杂质，透明度会下降；看色泽，优质的油为无色，在生产过程中由于油料中的色素溶于油中，油才会带色。

二闻：每种油都有各自独特的气味。可以在手掌上滴一两滴油，双手合拢摩擦，发热时仔细闻其气味。有异味的油，说明质量有问题，有臭味的很可能就是地沟油，若有矿物油的气味更不能买。

三尝：用筷子取一滴油，仔细品尝其味道。口感带酸味的油是不合格产品，有焦苦味的油可能已发生酸败，有异味的油可能是地沟油。

四听：取一两滴油层底部的油，涂在易燃的纸片上，点燃并听其响声。燃烧正常无响声的是合格产品；燃烧不正常且发出“吱吱”声音的，说明水分超标，是不合格产品；燃烧时发出“噼啪”爆炸声，表明油的含水量严重超标，而且有可能是掺假产品，绝对不能购买。

五问：问商家的进货渠道，必要时索要进货发票或查看当地食品卫生监督部门抽样检测报告。

另外，利用金属离子浓度与电导率之间的关系，通过检测油的电导率即可判断油中金属离子量。多次实验表明，地沟油电导率是一级食用油的 5 倍至 7 倍，由此可以准确识别出地沟油。

苏丹红是食品添加剂吗

苏丹红并非食品添加剂，而是一种化学染色剂。

我国对于食品添加剂有着严格的审批制度，我国从未批准将苏丹红染剂用于食品生产，“苏丹红”事件类似于“吊白块”、“瘦肉精”，都是食品生产企业违规在食品中加入的非法添加物。

胭脂红、落日黄等食品添加剂与苏丹红有何区别？一般人虽然很难判定哪些食品含有苏丹红，但没有必要望“红”生畏。除苏丹红外，可以食用的红色着色剂有上千种，如胭脂红、苋菜红等，这些着色剂是可以在食品中限量添加的。质监专家表示，它们与苏丹红的性质有着本质区别，前两者都是列入国家目录的食品添加剂，可在部分食品中使用，但国家有严格的限量规定，严禁超量使用。

为何苏丹红嗜辣？

一位业内人士分析，之所以将作为化工原料的苏丹红添加到食品中，尤其用在辣椒产品加工当中：一是，由于苏丹红用后不容易退色，这样可以弥补辣椒久置后变色的现象，保持辣椒鲜亮的色泽；二是，一些企业将玉米等植物粉末用苏丹红染色后，混在辣椒粉中，以降低成本谋取利益。

苏丹红到底有何危害？

苏丹红具有致突变性和致癌性，“苏丹红一号”在人类肝细胞研究中显现可能致癌的特性。但目前只是在老鼠实验中发现有致癌性，对人体的致癌性还没有明确。苏丹红是一种化工染色剂，在食品中添加的数量微乎其微，就剂量而言，未必足以致癌，人们不必过于恐慌。少量食用不可能致癌，即使食用半年，每次少量食用，引起癌症也没有明确的科学依据。人们不用因为吃了一点就担心致癌。专家认为，“苏丹红一号”虽然会增加食用者患癌症的几率，但目前无法确定一个安全度，建议经常食用者检查肝脏 。

由于这种被当成食用色素的染色剂只会缓慢影响食用者的健康，并不会快速致病，因此隐蔽性很强。长期食用含苏丹红的食品，可能会使肝脏DNA 结构变化，导致肝部病症。

公路边的茶叶含铅量普遍超标

致癌物质有很多，并不限于苏丹红，譬如采摘于公路边的茶叶，路边摊上的烤羊肉串等等都是。因为汽车排出的废气中含铅，所以生长在公路边的茶叶往往铅含量超标。而烤制食品在制作过程中烟熏火燎，也极易产生致癌物质，美国曾有一项统计显示，吃一只烤鸡腿等同于抽 60 支烟。

最为常见的6种有害食品『添加剂』

甲醛泡制水产品、二氧化硫熏出银耳、双氧水为干果“美容”……这些常见的报道给食品添加剂造成了不良的影响。

甲醛泡制水产品

甲醛俗称福尔马林，是国家明令严禁在食品加工中使用的。鱿鱼等海鲜易腐烂变质，为了能延长保存时间，一些不法商贩就拿甲醛浸泡海产品，使其看上去不但新鲜，成色也变得饱满。“甲醛鱿鱼”多送到饭店和烧烤摊。

干果用双氧水保鲜

双氧水不仅具有杀菌、漂白的作用，而且还有保鲜的功效，国家《食品卫生法》禁止将工业双氧水添加到食品当中。由于工业双氧水比食用双氧水便宜很多，一些企业在加工开心果、白瓜子等干果的过程中，直接用工业双氧水漂白、保鲜。莲子加工后会呈现红色，部分月饼生产厂家便在加工过程中用工业双氧水为莲子漂白，为此，国家已对白莲蓉月饼介入监管。

二氧化硫熏出银耳

用二氧化硫熏出的银耳比普通的银耳二氧化硫含量高出近 6 倍。据了解，二氧化硫既是漂白剂，也是防腐剂，为了使银耳雪白吸引消费者购买，一些商贩便用硫磺对银耳进行熏蒸漂白。人食用这种含二氧化硫的银耳会有很大危害，国家规定禁止在食品中加入。

亚硝酸盐使肉更“好吃”

肉制品中最常见的违禁添加剂是亚硝酸盐，加入这种工业盐后肉的颜色红艳饱满,而且口感好,还能大大缩短肉制品的加工时间。但亚硝酸盐对人体危害极大,轻则恶心、呕吐、全身青紫,重则死亡。

硼砂制作面食糕点

硼砂也是最常见的违禁食品添加剂之一，多被用于拉面、挂面、糕点等面食中，使用了硼砂的面食更加筋道、有弹性。但硼砂是一种有毒化工原料，多用在陶瓷、玻璃等产品的制造中，我国明令禁止硼砂作为食品添加剂使用，酸性的硼砂在进入胃部之后会刺激胃酸分泌，严重的会使人恶心、呕吐、腹泻。

吊白块成粉丝顽疾

吊白块又称雕白粉，属于非食品添加剂。因吊白块具有漂白和凝固蛋白质的功能，常被违法添加在米粉、粉丝、冰糖、腐竹、豆腐等食品中。

一滴香

只需一滴，清水变高汤

你在餐馆里品尝到鲜美无比的鸡汤或骨汤，如果被告知这美味的汤和鸡、骨头没任何关系，而是和一种叫“一滴香”的增香剂有关系，你是不是会感到很诧异？一盆沸腾的开水，只需一滴就可以变成鲜美的鸡汤或骨汤。这种颇为神奇的“食品添加剂”名为一滴香。真的可以吗？这可以说是像水可以变成汽油一样的天方夜谭，经分析，一滴香是通过化工合成，长期食用将危害人体健康。

其实，一滴香在行业内的名气相当响亮。不少店主并不避讳使用这种添加剂，反而觉得用这种东西调制出来的汤底，更容易得到顾客的认可。个别

小店使用一滴香作为调味品，制作米线、火锅、麻辣烫等食品，其标榜的“鸡汤”、“大骨汤”实际都是用这种添加剂调制而成的。这类一滴香产品功效十分厉害，打开瓶盖后，整个办公室甚至走廊都飘散着浓重的香气。

这种俗称一滴香的添加剂，每瓶价格在 20 元到 100 元不等，鸡肉味、鸭肉味、牛肉味、羊肉味等应有尽有，通常都是一些饭店和面馆购买这种添加剂，一瓶 20 块钱的一滴香在小饭店可以使用一个月。世界上有许多事情，有得必有失。舌头品尝美味，肝脏却受损害。据了解，食品专家发现一滴香的成分包括植物萃取油、香精，另有化工合成物。食用这种化工合成物质，对人体危害很大，长期食用会损伤肝脏，即使是正规厂家生产的一滴香，一旦添加过量，也会给食用者的健康带来严重危害。

专家介绍，目前市面上销售的一滴香来自不同厂家，还不能判定几个品牌的一滴香的具体成分。在销售的一滴香包装上，有的注明成分为酶解肉粉，有的则直接注明是合成香料。酶解肉粉是猪肉做成的，但合成香料是用化工方法制成，总体来说，不提倡在食品中使用。很显然，一滴香使用合成香料的可能性很大。食品领域的合成香料常常被运用在方便面的加工中，方便面调料粉冲出来的汤汁就带有排骨香、牛肉香等各种味道。

一滴香不是“一个人在战斗”，类似一滴香的添加剂在餐馆的厨房内不胜枚举：“肉香王”为肉类增香提鲜，满屋飘香；只要加一点儿“骨髓浸膏”骨头煲的高汤就鲜得不得了……

化学融入烹饪学，本是科学的发展、人类文明进步的象征。味精最早是日本人发明的，适量添加到菜肴中，可以增鲜。后来，又有各种各样的食品添加剂，如人工合成防腐剂，用得恰当，有利于食品的保存，适当使用对人体也无害。但是超范围、超限量地使用，那就走向了它的反面。

转基因食品

为何要戴有色眼镜看我！

转基因食品从它问世的第一天起，就在世界范围内引起了极大的争议。转基因食品是利用现代分子生物技术，将某些生物的基因转移到其他物种中去，改造生物的遗传物质，使其在形状、营养品质、消费品质等方面向人们所需要的目标转变。以转基因生物为直接食品或为原料加工生产的食品就是“转基因食品”。目前，全球的科学家们还无法为转基因食品安全问题在短时间内下一个定论。虽然存在争议，但有一点是要提醒您的，那就是各类转基因食品必须在商标中明示。

世界上第一种转基因食品是1994年投放美国市场的保鲜延熟型西红柿。短短十几年的时间，动物来源的、植物来源的和微生物来源的转基因食品发展非常迅速，但目前世界上真正批准上市的只有转基因植物食品。

随着公众对转基因生物的深入了解和各国政府监管力度的加大，转基因产品的商业利润有所下降，科研经费也明显减少。转基因食品也许有一天会无人问津。

在食品安全问题层出不穷的今天，人们普遍恐慌转基因技术打开“潘多拉魔盒”，而从舆论的导向来看，转基因食品似乎有着被妖魔化的危险。爱因斯坦曾说：“科学技术是一把双刃剑，它可以造福于人类，也可以给人类带来灾难。”对待转基因产品，我们必须重建科学伦理，妖魔化不仅仅是转基因技术的不幸，更是科学的倒退，一项新技术是否会造福人类其罪责并不在于技术本身，而在于掌握技术的人，所以，作为生物主宰的人类应该取下有色眼镜以更科学的态度对待转基因，引导它造福人类！

图书在版编目(CIP)数据

色+香家族/韩微微编著. —哈尔滨:哈尔滨出版社,2011.1
(山梨酸钾的 home party)
ISBN 978-7-5484-0400-2

Ⅰ. ①色… Ⅱ. ①韩… Ⅲ. ①食品添加剂-基本知识 Ⅳ. ①TS202.3

中国版本图书馆 CIP 数据核字(2010)第 225724 号

书　　名:色+香家族

作　　者:韩微微　编著
责任编辑:王　放　富翔强
责任审校:陈大霞
装帧设计:王　娜

出版发行:哈尔滨出版社(Harbin Publishing House)
社　　址:哈尔滨市香坊区泰山路 82-9 号　**邮编:**150090
经　　销:全国新华书店
印　　刷:哈尔滨报达人印务有限公司
网　　址:www.hrbcbs.com　www.mifengniao.com
E-mail:hrbcbs@yeah.net
编辑版权热线:(0451)87900272　87900273
邮购热线:(0451)87900345　87900299　87900220(传真)
或登录**蜜蜂鸟**网站购买
销售热线:(0451)87900201　87900202　87900203

开　　本:787×1092　1/12　**印张:**26　**字数:**160 千字
版　　次:2011 年 1 月第 1 版
印　　次:2011 年 1 月第 1 次印刷
书　　号:ISBN 978-7-5484-0400-2
定　　价:56.00 元